孙宝芸　董雷　著

北方地区海绵城市建设规划理论方法与实践

BEIFANG DIQU HAIMIAN CHENGSHI JIANSHE GUIHUA
LILUN FANGFA YU SHIJIAN

化学工业出版社
·北京·

本书以北方海绵城市为主要研究对象，首先对海绵城市理论和设计方法予以介绍，并对北方地区海绵城市的相关理论及方法予以研究。通过对北方城市的自然条件和暴雨内涝成因进行分析，提出北方地区发展海绵城市的限制条件并给出建议，结合海绵城市建设指南提出低影响开发（Low Impact Development，LID）设施的北方适用性。最后，针对大连庄河示范区海绵城市建设予以分析，从规划体系、总体路线、空间格局、海绵创新点、管控分区、道路系统、景观系统等方面详细论述了北方地区海绵城市建设的具体设计方法。

本书适合城市规划及设计人员参考，也可供相关专业大学生、科研机构工作者使用及参考。

图书在版编目（CIP）数据

北方地区海绵城市建设规划理论方法与实践/孙宝芸，董雷著．—北京：化学工业出版社，2018.10（2023.1重印）
ISBN 978-7-122-32757-4

Ⅰ.①北…　Ⅱ.①孙…②董…　Ⅲ.①城市规划-建设设计-研究-华北地区　Ⅳ.①TU984.22

中国版本图书馆CIP数据核字（2018）第171860号

责任编辑：彭明兰　　装帧设计：刘丽华
责任校对：宋　夏

出版发行：化学工业出版社（北京市东城区青年湖南街13号　邮政编码100011）
印　　装：大厂聚鑫印刷有限责任公司
880mm×1230mm　1/32　印张6½　字数203千字
2023年1月北京第1版第2次印刷

购书咨询：010-64518888　　售后服务：010-64518899
网　　址：http://www.cip.com.cn
凡购买本书，如有缺损质量问题，本社销售中心负责调换。

定　　价：64.00元

前言

FOREWORD

自我国海绵城市（Eco-sponge City）建设开展以来，由于海绵城市建设涉及的专业领域及管理部门众多，需要国家从更高层面予以指导和规范，国家自2013年开始出台了一系列政策文件予以引导和推广，并在全国范围开展了两批30个试点城市予以试验。由于开展建设时间短、验证时间不足，目前试点城市的海绵经验在全国仍属理论探讨范畴。

我国幅员辽阔，地域覆盖面广，全国范围囊括了七大气候分区。由于各地城市的地形地貌、气候水文、河流湖泊、湿地植被、城市下垫面、人口规模、城市规模、排水系统、灾害应急制度等均不相同，试点城市的经验还无法简单复制进行大面积推广。在30个试点城市中，北方城市较少，北方地区属于水资源严重匮乏区域，因此对于海绵城市建设的经验和技术需求迫切。

本书从北方地区城市的地形地貌、气候水文、河流湖泊等自然条件方面进行分析，指出北方地区城市暴雨内涝的特点、特征并进行原因分析。分析在北方地区进行海绵城市建设发展面临的限制条件，如城市城区范围内缺少绿色海绵体、海绵城市建设政策支持不足、海绵城市建设公众认识与参与不足、海绵城市科研理论及技术处于起步阶段、针对北方地区海绵城市建设经验稀缺等。根据北方地区的气候地域特点，提出北方地区海绵城市建设的建议，并结合海绵城市建设指南提出适合北方地区海绵城市建设的LID设施。同时结合海绵城市第二批试点城市实例——大连市庄河生态养老休闲示范区的海绵城市建设，从海绵城市系统的建立、灰绿结合的排水系统、SWMM模型模拟验证、地块指标的验证分解等方面对北方地区海绵城市建设从系统到细节进行详细的介绍和分析。实例中基于低影响开发理念的海绵城市专项规划结合城市区域特点，因地制宜地提出解决当地实际问题的海绵城市建设模式，基于模型分析等方法分解海绵城市管控指标，综合应用“渗、滞、蓄、净、用、排”技术措施，系统统筹解决示范区水生态、水环境、水安全和水资源问题，对城市的海绵建设起到示范作用。希望通过此实例的介绍对北方地区，尤其是寒冷地区的海绵城市建设给予一定的借鉴和帮助。

本书由孙宝芸、董雷撰写及统稿。本书在编写过程中，参考了相关文献和书籍，并应用了SWMM等软件，其中主要的参考资料已列在了参考文献中，在此向这些编著者及软件的开发者表示衷心的感谢。

由于作者水平有限，加之本书脱稿时间仓促，缺点和不足之处在所难免，敬请指正，以便我们进一步补充和修正。

著　者

2018年6月

目录

CONTENTS

1 海绵城市理论及设计方法 / 001

1.1 海绵城市的时代背景 …… 001

1.2 海绵城市的社会意义 …… 006

1.3 国外海绵城市相关的理论及方法 …… 008

1.3.1 海绵城市的理论来源及本质目标 …… 008

1.3.2 国外相关的理论研究 …… 009

1.4 我国海绵城市的理论基础及方法 …… 018

1.4.1 海绵城市的理论基础 …… 020

1.4.2 海绵城市的指导思想 …… 024

1.5 我国各地区海绵城市建设策略 …… 028

1.5.1 中国降水量分布与海绵城市的关系 …… 028

1.5.2 我国不同区域的海绵城市建设 …… 029

1.5.3 海绵城市建设在我国的展望 …… 032

2 北方地区的海绵城市设计理论及方法 / 034

2.1 北方地区的自然地理特征 …… 034

2.1.1 北方地区的地形地貌 …… 034

2.1.2 北方地区的气候特点 …… 036
2.1.3 北方地区的水文状况 …… 038
2.2 北方地区城市暴雨内涝的特征 …… 040
2.2.1 北方地区暴雨内涝特征 …… 040
2.2.2 北方地区城市内涝原因分析 …… 042
2.3 北方地区海绵城市建设的发展限制 …… 043
2.3.1 城市城区范围内绿色海绵体不足 …… 043
2.3.2 海绵城市建设政策支持不足 …… 044
2.3.3 海绵城市建设公众认识参与不足 …… 044
2.3.4 海绵城市科研理论和技术处于起步阶段 …… 045
2.3.5 针对北方海绵城市建设经验稀缺 …… 045
2.4 北方地区海绵城市建设的发展建议 …… 045
2.4.1 构建城区海绵城市体系 …… 045
2.4.2 从“一到百”的海绵城市系统 …… 046
2.4.3 打造数字模拟的量化海绵 …… 047
2.4.4 适应北方地区的海绵城市 …… 048
2.4.5 冬季降雪的海绵处理 …… 048
2.4.6 滨海城市风暴潮叠加的海绵控制 …… 049
2.4.7 选用本土植物建设海绵城市 …… 050
2.5 北方地区海绵城市适用的LID设施 …… 051
2.5.1 透水铺装 …… 051
2.5.2 绿色屋顶 …… 053
2.5.3 下沉式绿地 …… 054
2.5.4 生物滞留设施 …… 055
2.5.5 渗透塘 …… 057
2.5.6 渗井 …… 058
2.5.7 湿塘 …… 059

2.5.8 雨水湿地 …… 061
2.5.9 蓄水池 …… 062
2.5.10 雨水罐 …… 063
2.5.11 调节塘 …… 063
2.5.12 调节池 …… 064
2.5.13 植草沟 …… 065
2.5.14 渗管/渠 …… 066
2.5.15 植被缓冲带 …… 067
2.5.16 初期雨水弃流设施 …… 068
2.5.17 人工土壤渗滤 …… 069
2.6 北方地区海绵城市实例 …… 070
2.6.1 海绵试点城市介绍——白城 …… 070
2.6.2 海绵试点城市介绍——济南 …… 075

3 大连市庄河示范区海绵城市建设分析 / 079

3.1 城市概况与上位规划 …… 079
3.1.1 城市概况分析 …… 079
3.1.2 相关规划概述 …… 086
3.2 海绵城市建设基础条件分析 …… 089
3.2.1 基础条件 …… 089
3.2.2 示范区存在的主要问题 …… 095
3.2.3 需求分析与建设基础 …… 098
3.3 海绵城市规划指标体系 …… 100
3.3.1 规划体系架构 …… 100
3.3.2 水生态指标 …… 102
3.3.3 水环境指标 …… 105

3.3.4 水资源指标 …… 107
3.3.5 水安全指标 …… 108
3.4 规划理念总则及海绵创新点 …… 110
3.4.1 海绵城市规划总体思路及目标 …… 110
3.4.2 总体技术路线 …… 111
3.4.3 海绵城市设计理念与创新 …… 114
3.5 海绵城市空间格局构建 …… 116
3.5.1 设计原则与思路 …… 116
3.5.2 海绵城市设施适应性分析 …… 119
3.5.3 空间格局构建 …… 125
3.6 海绵城市系统规划设计 …… 129
3.6.1 海绵城市管控分区划分 …… 129
3.6.2 水生态体系规划 …… 130
3.6.3 水安全体系规划 …… 136
3.6.4 水环境体系规划 …… 145
3.6.5 水资源体系规划 …… 150
3.7 海绵城市管控分区建设指引 …… 157
3.7.1 海绵城市总体建设指引 …… 157
3.7.2 海绵城市分区建设重点 …… 158
3.7.3 分区建设控制指标 …… 159
3.7.4 海绵城市总体建设指引 …… 165
3.8 道路系统海绵 LID 设计 …… 168
3.8.1 设计目标与定位 …… 169
3.8.2 海绵城市道路系统构建 …… 170
3.8.3 道路系统海绵设施设计 …… 175
3.9 景观系统海绵设计 …… 182
3.9.1 景观体系与海绵城市的关系 …… 182

3.9.2　示范区景观体系构建 …………………………………… 183
3.9.3　景观设计中植物的选择 …………………………………… 188
3.10　北方地区海绵城市建设的意义及效益 ………………………… 189

参考文献 / 192

1 海绵城市理论及设计方法

1.1 海绵城市的时代背景

近年来，全国各地城市出现了一遇暴雨就是城内“看海”的情况，让城市内涝排水问题成了困扰我国的城市难题，也似乎成了城市无法摆脱的“魔咒”。由于全球变暖的气候变化，动辄几十年一遇，百年一遇的特大暴雨更给城市带来巨大的经济损失并对人民产生生命威胁。

在2006～2016年之间，城市内涝严重的年份有2007年、2011年、2012年、2013年、2014年、2015年、2016年7个年份，占比63.63％。目前我国处于高速发展时期，城市越建越大，城市人口越来越多，而我国城市雨污排放系统设施发展严重滞后将导致我国城市内涝问题在未来相当长的一段时间内越发严重。

2012年全国有184座城市发生内涝，2013年有234座城市发生内涝，2014年有125座城市发生内涝。内涝灾害最具有代表性的就是2012年的“7.21”暴雨事件。2012年7月21日至22日8时左右，全国大部分地区遭遇暴雨，其中北京及其周边地区遭遇 61 年来最强暴雨及洪涝灾害。根据北京市政府举行的灾情通报会的数据显示，此次暴雨造成房屋倒塌 10660 间，160.2 万人受灾，经济损失 116.4 亿元。北京有 79 人因此次暴雨死亡，同期河北省发布 7.21 特大暴雨洪涝灾害遇难者达到 25 人。

2017 年，我国暴雨过程频繁、重叠度高、极端性强，汛期共出现 36 次暴雨过程。其中，6 月 22 日至 7 月 2 日，南方大部连续遭受 2 次大范围强降水过程，湖北的金沙、咸宁，贵州的从江等多地降水量突破当地日降水量历史极值；7 月中旬，吉林中部出现 2 次暴雨过程，降雨中心均出现在永吉，永吉日降水量两度破历史纪录，持续强降水造成永吉和吉林市城区重复内涝。7 月 26 日陕西省爆发特大水灾，受灾人口达 10.47 万人，死亡 4 人；农作物受灾面积 29385 亩[1]，死亡大牲畜 2853 头（只）；房屋倒塌损坏 1300 多间；损毁桥梁 41 座、大坝 38 座、道路 213 处，造成经济损失达 16.7 亿元。

城市内涝的原因是由于我国在城市化快速发展的过程中，城市的排水系统、地下管廊系统建设严重滞后于城市的发展速度。因此在城市化进程中，特大城市、大城市甚至中小城市出现了暴雨内涝问题，这是由于城市土地的大量开发利用，地面硬化率过高，下垫面不足，城市雨水蓄滞能力严重不足、排涝设置不健全等原因导致的。随着城市的发展，更生态、更安全、更有效的海绵城市建设成为城市基础设施建设的重要理论基础。

20 世纪 80 年代我国才开始真正意义上的城市雨洪管理，并于 90 年代开始发展。2011 年住房和城乡建设部将深圳的光明新区列为全国低冲击开发雨水综合利用示范区，在规划、建设、管理方面积累了宝贵的经验，为我国海绵城市建设打下一定的基础。以深圳所处的珠江三角洲为例，在全球气候变暖的影响下，珠江口海平面上升

---

[1] 1 亩＝666.7m^2，下同。

趋势明显，导致河口水位抬高、潮流顶托作用加强，河道排水不畅，沿海城市泄洪和排涝难度加大，加重了台风暴潮致灾影响；与此同时，珠三角地区快速而高度的城镇化，使河口地区大量土地被开发利用，地面硬化，对雨水的蓄滞能力大大降低，同时城市排涝设施配套不健全，应对措施不及时，致使水淹全城的内涝问题突出。城市建设地区迫切需要更多、更安全、更生态的雨洪蓄滞公共基础设施。

2012 年 4 月，在《2012 低碳城市与区域发展科技论坛》中，“海绵城市”概念被首次提出。2013 年 12 月 12 日至 13 日，中央城镇化工作会议在北京举行。中共中央总书记、国家主席、中央军委主席习近平发表重要讲话：城市化过程中要根据资源环境承载能力构建科学合理的城镇化宏观布局；切实提高能源利用效率；要高度重视生态安全，扩大森林、湖泊、湿地等绿色生态空间比重，增强水源涵养能力和环境容量；要不断改善环境质量，减少主要污染物排放总量，控制开发强度，增强抵御和降低自然灾害的能力；要坚持生态文明，着力推进绿色发展、循环发展、低碳发展，尽可能减少对自然的干扰和损害，节约集约利用土地、水、能源等资源；要依托现有山水脉络等独特风光，让城市融入大自然，让居民望得见山、看得见水、记得住乡愁。这次工作会议确定了海绵城市在国家层面的政策导向，为全国的海绵城市发展奠定了坚实的基础。

2014 年 4 月，习总书记在一次关于水安全的讲话中指出要解决城市的缺水问题，并再次提出“海绵城市”的概念。建设海绵城市，对于缓解各地新型城镇化建设中遇到的内涝问题，削减城市径流污染负荷、节约水资源、保护和改善城市生态环境具有重要意义。

同年，习总书记在中央财政领导小组第五次会议上对生态文明建设、治水安邦、兴水安民注入了新理念和新内涵，提出了新要求和新任务。他强调，治水历来都是关乎国计民生的大事。水资源时空分布极不均匀、水旱灾害频发是我国的基本国情，独特的地理条件和农耕文明决定了治水对中华民族生存发展和国家统一兴盛至关重要。无论是“贞观之治”还是“康乾盛世”，中国历史上的辉煌实践无不印证了“善治国者，必善治水”的规律。近年来，全国水安全新老问题交织，特别是出现了水资源短缺、水生态损害、水环境污染、水安全事件频发等严重问题。水安全涉及国家长治久安的大事，要大力增强水忧患意识、水危机意识，从全面建成小康社会、实现中华民族永续发展的战略高度，重视解决好水安全问题。习总书记高屋建瓴地指出：城市发展要坚持以水定城、以水定地、以水定人、以水定产的原则，坚持“节水优先、空间均衡、系统治理、两手发力”的治水思路，做到“四个坚持”：坚持和落实节水优先方针；坚持人口经济与资源环境相均衡的原则；坚持山水林田湖生命共同体的系统思想；坚持政府作用和市场机制两只手协同发力。

2014 年，住房和城乡建设部为贯彻落实习近平总书记讲话及中央城镇化工作会议精神，大力推进建设自然积存、自然渗透、自然净化的“海绵城市”，节约水资源，保护和改善城市生态环境，促进生态文明建设，依据国家法规政策，并与国家标准规范有效衔接，组织编制了《海绵城市建设技术指南——低影响开发雨水系统构建（试行）》，并于 2014 年 10 月正式发布。该指南中明确了“海绵城市”的概念、建设路径和基本原则，并进一步细化了地方城市开展“海绵城市”的建设技术方法。

2014 年 12 月，国家财政部、住房和城乡建设部及水利部联合下发开展海绵城市试点工作的通知并共同组成评审专家组进行评审。对海绵试点城市，中央财政将给予专项资金补助，一定三年，具体补助数额按城市规模分档确定，直辖市每年 6 亿元，省会城市每年 5 亿元，其他城市每年 4 亿元。

2015 年 4 月，确定首批 16 个海绵试点城市和地区有：迁安、白城、镇江、嘉兴、池州、厦门、萍乡、济南、鹤壁、武汉、常德、南宁、重庆、遂宁、贵安新区和西咸新区。

2015年8月，为进一步指导和推进海绵城市建设水利工作，水利部印发《水利部关于推进海绵城市建设水利工作的指导意见》，提出要充分发挥水利在海绵城市建设中的重要作用。

2015年9月29日，国务院总理李克强主持召开国务院常务会议，会议指出，按照生态文明建设要求，建设雨水自然积存、渗透、净化的海绵城市，可以修复城市水生态、涵养水资源，增强城市防涝能力，扩大公共产品有效投资，提高新型城镇化质量。会议确定，一是海绵城市建设要与棚户区、危房改造和老旧小区更新相结合，加强排水、调蓄等设施建设，努力消除因给排水设施不足而一雨就涝、污水横流的“顽疾”，加快解决城市内涝、雨水收集利用和黑臭水体治理等问题。二是从今年起在城市新区、各类园区、成片开发区全面推进海绵城市建设，在基础设施规划、施工、竣工等环节都要突出相关要求。增强建筑小区、公园绿地、道路绿化带等的雨水消纳功能，在非机动车道、人行道等扩大使用透水铺装，并和地下管廊建设结合起来。三是总结推广试点经验，采取PPP（Public-Private Partnership，政府和社会资本合作）模式、政府采购、财政补贴等方式，创新商业模式，吸引社会资本参与项目建设运营。将符合条件的项目纳入专项建设基金支持范围，鼓励金融机构创新信贷业务，多渠道支持海绵城市建设，使雨水变弃为用，促进人与自然的和谐发展。

2015年10月11日，国务院办公厅印发《关于推进海绵城市建设的指导意见》（以下简称《指导意见》），部署推进海绵城市建设工作。《指导意见》明确，通过海绵城市建设，综合采取“渗、滞、蓄、净、用、排”等措施，最大限度地减少城市开发建设对生态环境的影响，将70%的降雨就地消纳和利用。到2020年，城市建成区20%以上的面积达到目标要求；到2030年，城市建成区80%以上的面积达到目标要求。从2015年起，全国各城市新区、各类园区、成片开发区要全面落实海绵城市建设要求。《指导意见》指出，建设海绵城市，统筹发挥自然生态功能和人工干预功能，有效控制雨水径流，实现自然积存、自然渗透、自然净化的城市发展方式，有利于修复城市水生态、涵养水资源，增强城市防涝能力，扩大公共产品有效投资，提高新型城镇化质量，促进人与自然和谐发展。

2016 年确定第二批 14 个海绵试点城市是：北京、天津、大连、上海、宁波、福州、青岛、珠海、深圳、三亚、玉溪、庆阳、西宁和固原。

海绵城市从概念提出到技术指南的出台，从试点工作的开展到《指导意见》的印发，相关政策的落实推进速度正在加快，而全国相关的科研院所、高校平台、研发单位、施工企业、政府部门也都对海绵城市的发展建设投入更多的力量。

1.2 海绵城市的社会意义

海绵城市是指通过加强城市规划建设管理，充分发挥建筑、道路和绿地、水系等生态系统对雨水的吸纳、蓄渗和缓释作用，有效控制雨水径流，实现自然积存、自然渗透、自然净化的城市发展方式。

海绵城市理论的提出正是处于对我国城市发展过程中雨水、排水、地表水、地下水等一系列问题出现的阶段。只是由于雨水漫城、城市观海、雨涝灾害的问题，将暴雨排水问题放到了台面上，但海绵城市实际需要解决的是一个更大尺度的城市与生态的水问题。

我国今天面临的水问题多种多样，主要有四大问题。一是洪涝灾害频繁，对经济发展和社会稳定的威胁大，目前仍是我国主要的自然灾害。二是水资源的短缺。我国淡水资源总量为 28000 亿立方米，占全球水资源的 6%，仅次于巴西、俄罗斯和加拿大，居世界第四位，但人均只有 2200m^3，仅为世界平均水平的 1/4，在世界上名列 121

位，是全球13个人均水资源最贫乏的国家之一。并且我国的水资源分布不均匀，西部地区和北方地区水资源匮乏，南方则比较充沛。全国600多座城市中，有400多个城市存在供水不足问题，其中比较严重的缺水城市达110个，全国城市缺水总量为60亿立方米。三是水环境恶化。近年我国水体水质总体呈恶化趋势，全国约10万千米河长中，受污染的河长占46.5%。全国90%以上的城市水域受到不同程度的污染，水质变差，缺水问题严重。四是水土流失和生态环境丧失等。根据水利部的资料，我国是世界上水土流失最为严重的国家之一。据第一次全国水利普查成果，我国现有水土流失面积294.91万平方千米，占国土总面积的30.72%。大规模开发建设导致的人为水土流失问题十分突出，威胁国家生态安全、饮水安全、防洪安全和粮食安全，制约山丘地区经济社会发展，影响全面小康社会建设进程。

中国目前这些问题不是单纯依靠水利部门或者住房和城乡建设部出台几个政策文件可以解决的，而是需要一个国家层面的系统方案，通过各个部门之间的协作，从宏观到中观再到微观同步进行的一个过程，并且需要系统的持续性和执行性。

海绵城市理论正是在此情形下所提出的，其不仅仅是微观层面的下凹绿地、雨水花园、植草沟等具体的景观措施，也不仅是中观层面的城市雨水排放、暴雨内涝的减少、绿色排水替代灰色的基础设施，更是宏观层面的水安全的保障、水资源的保持、水环境的恢复、水生态的复原。作为一种生态理论的提出，其社会意义在于通过生态系统的恢复打造，通过多尺度的水生态结合，将微观的生态基础设施和中观的海绵规划结合，从源头控制、多元联系、系统打造方面解决更宏观的生态水问题。

在目前我国城市频频暴雨淹城和综合管廊造价居高不下的矛盾下，海绵城市将成为解决我国目前不同尺度城市水问题的最好出路。

1.3 国外海绵城市相关的理论及方法

1.3.1 海绵城市的理论来源及本质目标

雨洪管理（Stormwater Management）指的是对洪水和雨水的管理，是人们从对水的恐惧到以水为友的转变，从单纯以工程方式解决向以工程和非工程相结合的方式转变。它主要包括城市的防洪排涝、降雨径流面源污染控制和雨水资源化利用等几个方面。

雨洪管理体系是从建设以防洪为目的的管渠工程将雨水直接排入河流，到修建大量的处理设施集中对雨水进行处理，最后到分散式处理、尽量将雨水就地解决和处理的过程。我国城市面临的洪涝灾害和水资源紧缺状况，需要通过整体的、系统的、综合的、多目标的解决途径，而非单一目标或工程的方式可以解决。

海绵城市（Eco-sponge City），是我国新一代城市雨洪管理概念。所谓“海绵城市”，是希望城市像“海绵”一样，具有良好的弹性或韧性，将雨水留住，将水循环利用起来，能够更加灵活地适应自然环境变化以及应对雨水带来的自然灾害。通过在城市中建设大量的海绵体，如雨水花园、屋顶绿化、雨水收集箱、干塘、湿塘等，做到“小雨不积水，大雨不内涝，水体不黑臭”，同时缓解城市的“热岛效应”。

海绵城市的本质是将城市与生态相结合，改变原有的城市建设理念，实现人与自然环境协调发展的目的。在人类城市文明高速发展的今天，人们已经习惯以凌驾自然之上的心态去建设城市，钢筋混凝土的城市森林目前已经形成了严重的城市病和生态危机。传统城市采用粗放式、高强度的土地开发模式，是为了榨取土地的每一分价值，但是却改变了城市的生态环境和城市下垫面，地表径流大幅增加，将原有的水生态系统彻底破坏。海绵城市是遵循顺应自然、与自然和谐共处的低影响发展模式。海绵城市为实现人与自然、土地利用、水环境、水循环的和谐共处，则尽可能恢复原有的水生态环境体系，将城市对环境的影响降到最低，因此海绵城市建设又被称为低影响设计和低影响开发策略。

1.3.2 国外相关的理论研究

欧美发达国家在20世纪70年代开始对于城市内涝、雨水污染等问题进行研究，从最初的单纯土木工程建设，到关注受纳水体的生态，再到审美、景观、规划、社会等目标的融合，经过数十年的系统研究和工程实践，目前已形成比较系统的城市雨洪管理体系。图1-1展示了城市雨洪管理对象的发展历程。当前城市雨洪管理的内容包括防洪治理、休闲美观、水质保护、流态恢复、雨洪资源、生态系统健康、城市弹性和微气候构建等。

1960年						2013年至今
防洪治理	防洪治理	防洪治理	防洪治理	防洪治理	防洪治理	防洪治理
	休闲美观	休闲美观	休闲美观	休闲美观	休闲美观	休闲美观
		水质保护	水质保护	水质保护	水质保护	水质保护
			流态恢复	流态恢复	流态恢复	流态恢复
				雨洪资源	雨洪资源	雨洪资源
					受纳水体生态	受纳水体生态
						弹性与微气候

图1-1 国际城市雨洪管理目标与内容的演变

雨洪管理体系中最具有代表性的有美国的最佳管理措施（Best Management Practices，BMPs）和低影响开发策略（Low Impact Development，LID)、澳大利亚的水敏城市设计（Water Sensitive Urban Design，WSUD)、英国的可持续排水系统（Sustainable Urban Drainage Systems，SUDS)、新西兰的低影响城市设计与开发(Low Impact Urban Design and Development，LIUDD)。

1.3.2.1 美国的海绵城市——最佳管理措施（BMPs）和低影响开发策略（LID）

最佳管理措施（BMPs）是由美国环境保护局（United States Environmental Protection Agency，USEPA）提出的一种控制面源污染的技术与法规体系。该措施初期主要针对农业污染，经过几十年逐渐发展成针对任何可以减少或者预防水资源污染的方法。

20 世纪 70 年代，美国很多城市的雨洪问题非常严重，联邦政府通过建设深层隧道等方式，延缓雨水进入受纳水体，缓解雨洪问题。例如早期芝加哥的深邃，以深层隧道和调蓄池为主要代表，形成了城市雨洪管理的第一代概念——最佳管理措施（BMPs）。BMPs 初期的主要作用是控制非点源污染，目前 BMPs 已经发展到利用综合措施来解决水量、水质以及生态等问题。

BMPs 一般分成两大类：工程性措施（主要指用于减污、减沙、洪水排控等具有一定物理结构的措施，主要包括雨水湿地、雨水池、雨水塘、渗透设施、生物滞留和过滤设施等）和非工程性措施（管理措施）。非工程性措施主要为各种管理措施，基本策略为源头控制，政府发挥政府部门的职能作用和公众监督作用，制定各种法律法规与管理制度对污染源进行控制或者缩减。工程性措施指通过延长径流的停留时间、减缓径流流速、提高下垫面渗透率、通过自然方式沉淀过滤以及生物净化技术去除污染物等办法，按照一定暴雨模型标准、径流量控制率、污染物去除率等标准设计工程措施。

BMPs 的控制目标根据法规要求、控制需求、特殊地区要求等，分为几个层次：①峰流量与洪涝灾害控制；②具体污染物去除率控制；③年均径流量控制；④多参数控制（如地下水回灌与受纳水体的保护标准）；⑤生态保护与可持续性战略。BMPs 虽然缓解了美国城市的雨洪问题，但也存在一些问题与局限性，如因为占地较广，建设中对城市生活影响大；项目只能由政府主导建设，并且投资过大；项目功能比较单一。

20 世纪 90 年代，美国基于 BMPs 的基础上提出第二代雨洪管理概念——低影响开发（LID）。低影响开发（LID）强调通过源头控制来实现雨洪管理控制，代表的工程措施有绿色屋顶等，旨在通过分散的、小规模的源头控制来达到对暴雨所产生的径流和污染的控制，使开发地区尽量接近于自然的水文循环，核心目标在于降低开发活动对场地水文特征的影响。

1990 年美国马里兰州环境资源署第一次提出低影响开发（LID）理念，该理念是从微观尺度 BMPs 措施变化发展而来，重视源头控制与景观处理。与 BMPs 相比，低影响开发（LID）具有以下优点：工程项目空间尺度不同，占地小，可根据城市建设计划随机建设与改造；单个项目投资额相对较小，同时具备景观功能；各个项目可以自成微系统。因此从城市雨洪管理系统来看，LID 与 BMPs 正好形成互补，分别从宏观与微观对雨洪进行处理，形成更加完善与合理的管理体系。

低影响开发（LID）理念强调城市开发过程中应减小对自然环境的改变，保护水系统的循环。源头控制和延缓冲击负荷是其核心理念，通过构建系统的适应自然城镇排水系统，合理利用景观空间与景观措施对城市的雨水径流进行从源头到终端的控制，减少城市的面源污染，以实现其源头收集、自然净化、就近利用或回补地下水，使城市开发区域达到可持续的水循环。低影响开发（LID）城市雨水收集利用的生态技术主要包含：生态植草沟、下凹式绿地、雨水花园、绿色屋顶、地下蓄渗管箱、透水路面等各种小型控制措施。

低影响开发遵循的原则主要有以下几条。

（1）以现有自然生态系统作为土地开发规划的综合框架

首先要考虑地区和流域范围的环境，明确项目目标和指标要求；其次在流域（或次流域）和邻里尺度范围内寻找雨水管理的可行性和局限性；明确和保护环境敏感型的场地资源。

（2）专注于控制雨水径流

通过调整场地设计生态策略和可渗透铺装的使用使不可渗透铺装

的面积最小化；将绿色屋顶和雨水收集系统综合到建筑设计中；将屋顶雨水引入到可渗透区域；保护现有树木和景观以保证更大面积的冠幅。

（3）从源头进行雨水控制管理

采用分散式的地块处理和雨水引流措施作为雨水管理主要方法的一部分；减小排水坡度，延长径流路径以及使径流面积最大化；通过开放式的排水来维持自然的径流路线。

（4）创造多功能的景观

将雨水管理设施综合到其他发展因素中以保护可开发的土地；使用可以净化水质、减弱径流峰值、促进渗透和提供水保护效益的设施；通过景观设计减少雨水径流和城市热岛效应并提升场地美学价值。

（5）教育与维护

在城市公共区域，提供充足的培训和资金来进行雨水管理技术措施的实践与维护，并教导人们如何将雨水管理技术措施应用于私有场地区域；达成合法的协议来保障长期实施与维护。

绿色基础设施（Green Infrastructure，GI）的定义在20世纪90年代末首次出现，并逐步得到美国政府的认可，它把自然系统作为城市不可或缺的基础设施加以规划、利用和管理，即“绿色基础设施是城市自然生命保障系统，是一个由多类型生态用地组成的相互联系的网络”。绿色基础设施理念和技术不仅仅针对城市水文管理，它首次将自然资源作为变化的主体纳入城市建设和管理，通过规划设计技术手段限制和引导人们对其的使用，进一步丰富了城市雨洪管理系统。

21世纪，西雅图公共事业局提出了绿色暴雨基础设施（Green Stormwater Infrastructure，GSI）的理念，这是广义绿色基础设施（GI）在城市雨洪控制利用的具体专业领域体现。其主要设施有生物滞留池、渗透铺装、绿色屋顶、蓄水池等，通过微观尺度源头控制的雨水设施，维持小区域的水文生态平衡和调蓄雨洪，成为城市雨洪管理系统不可缺少的重要部分。

1.3.2.2 澳大利亚的水敏城市设计

澳大利亚位于南太平洋和印度洋之间，由澳大利亚大陆和塔斯马尼亚岛等岛屿和海外领土组成。它四面环海，是世界上唯一独占一个大陆的国家。澳大利亚的东部是山地，中部为平原，西部是高原。

澳大利亚约70%的国土属于干旱或半干旱地带，国土有11个大沙漠，它们约占整个大陆面积的20%。澳大利亚是世界上最平坦、最干燥的大陆，饮用水主要是自然降水，并依赖大坝蓄水供水。政府严禁使用地下水，因为地下水资源一旦开采，很难恢复。2006～2009年，由于厄尔尼诺现象的影响扩大，导致降雨大幅减少，澳大利亚各大城市普遍缺水，纷纷颁布多项限制用水的法令，以节水度过干旱。澳大利亚雨洪管理体系最早关注水源污染与径流排放，后来随着对雨水资源的重新认识，管理理念逐步从雨水快排转向雨水利用，强调在城市设计中加强可持续雨洪基础设施建设。

澳大利亚的雨洪管理从1960～1989年主要关注于污水治理和水环境娱乐的开发，到1990～1999年关注从“以排为主”转向雨水收集利用，再从2000～2010年，战略特点为使城市发挥汇水与供水的作用，到2011年至今，提出创建宜居城市。澳大利亚的雨洪管理体系经历了4个时期。

澳大利亚的水敏城市设计（Water Sensitive Urban Design，WSUD）概念是1994年由西澳大利亚州学者理维蓝和哈而佩恩首次提出，不过当时并没有受到学界重视。在20世纪90年代后期，雨洪管理体系才开始逐渐体现WSUD的理念，并得到社会认同而推广。

WSUD是澳大利亚当代城市环境规划设计方法，其更注重水资源的可持续性、适应能力和环境保护三个方面。国际水协会对WSUD的定义为：WSUD是城市设计和城市水循环的管理、保护和保存的结合，确保了城市水循环管理能够尊重自然水循环和生态过程。WSUD 的主要目标是保护和改善城市水环境，降低径流峰值和雨水径流总量，提高雨水资源化利用效率。

目前 WSUD 涵盖从区域到街道，从单个地块到一套处理工艺，已经形成了一个系统化的城市雨洪管理系统。其技术体系包括：雨洪滞蓄水库、人工湿地、雨水花园、渗透沟、污染物汇聚井、绿地浅沟、蓄水池等。澳大利亚各城市根据城市开发规模不同，开发出不同的雨洪处理方案模型，用于不同场址使用来确定需要配置设施的规模参数等。

WSUD 在澳大利亚经历了几十年的发展，已经从单纯的对水源水质的保护发展到水生命全周期的循环保护阶段，其关注的层面已经达到一个更高的维度，更有利于对城市的雨洪管理提出更好、更系统的建议。

WSUD 在体系转型中也面临一些阻力和困难，如技术与政策跟进困难、多目标管理难以实现、从业者和民众难以信服等。但经过困难跨越期后，澳大利亚逐步排除了技术制度、多目标管理、多方合作、民众参与等多方面制约因素，步入了成熟稳定期。WSUD 作为一个新兴领域，为解决城市发展问题和指导城市建设的可持续发展提供了新的方向和途径。

1.3.2.3 英国的可持续排水系统（SUDS）

2007 年英国发生毁灭性洪灾，导致 13 人死亡、7000 人等待救援、55000 所住宅受灾、近 50 万人无法用电用水，共造成约 32 亿英镑的损失。此后，英国政府立刻委任迈克尔·皮特（Michael Pitt）爵士对洪水风险管理、应急计划、重大基础设施脆弱性与恢复力、应急响应与灾后恢复进行审查。审查发现，本次洪灾的原因 70% 是由于强降水和连续性降水使地表水超过了城市的排水与下水管道蓄水能力，因此造成城市内涝。报告指出“地表水灾的重要因素是降雨量、降雨强度、降雨地点、降雨地地形及其地表渗透性”。英国环境署还指出，一般的地面排水系统主要使用地下管道尽快排水，可能会造成下游的洪涝问题，同时还会减少地下水的补给。传统的排水系统还会使得城市的污染物直接进入水道和地下水。

2008年6月发布的审查报告包含了92项建议，2008年末英国议会评估并采纳了这些建议，其中包括“改革传统排水系统，推广可持续排水系统”等内容。

2010年英国出台了《洪水与水资源管理法案》，根据该法案，英国环境、食品和乡村事务部（Department for Environment，Food and Rural Affairs，DEFRA）于2011年12月发布城市可持续排水系统（SUDS）国家建议标准以进行商讨。从2012年起至2015年，英国多次关于该系统进行规划政策调整和发布，并于2015年11月在英国社区与地方政府事务部国务大臣声明的敦促下，建筑工业研究与情报协会（Construction Industry Research and Information Association，CIRIA）发布了《SUDS手册》，明确了SUDS在规划系统中的重要作用及地位。CIRIA网站称该手册是“在英国可使用的、最全面的行业SUDS指南”。

英国的城市可持续排水系统（SUDS）也称为可持续排水系统，是一种全新的排水理念。美国土木工程学会对其定义为水资源系统的设计和管理，认为其可在保护生态环境和水资源基础上，满足现状和未来社会对于水的需求。SUDS基于试图复制自然生态排水系统的设想，采取低成本及低环境影响力的方法，通过收集、储存、利用技术和工程手段降低流速等方式，对雨水和地表水进行清洁净化并重复循环使用。SUDS旨在从系统上减少城市内涝发生的可能性，同时提高雨水等地表水的重复利用率，兼顾减少河流水污染问题并改善水质。

英国在新的建设项目中通过在源头利用SUDS控制水，以降低洪灾风险。设计中考虑排水系统能力不足时地表水流的路径，通过一系列措施减少水流的速度、延长水流时间，通过模仿自然排水过程，以一种更为可持续的方式排出地表水。

SUDS 可持续的地表排水管理方式有以下措施：

① 源头控制措施，包括雨水排放及循环控制；

② 使水渗透地表的渗透设备，包括独立的渗水坑和公共设施；

③ 过滤带和洼地，模仿自然排水模式让水向下坡流，同时具有蓄水功能；

④ 过滤下水道与多孔路面，可以让雨水和径流渗入地下的可透性材料，需要时提供储水空间；

⑤ 雨水盆地和池塘，储存雨后多余雨水，控制排水，避免洪灾。

根据 CIRIA 的《SUDS 手册》，SUDS 被确认为一个互相关联的系统，旨在管理、处理并最佳地利用地表水，从降雨处开始，直到某一范围之外的排放处。

在单一系统中运用多种组件是 SUDS 开发管理的核心设计理念，手册将其称为一系列组件的运用共同提供了控制径流频率、流通率及流量的必要过程，还可以把污染物浓度降至可接受的水平。

手册包含了一个 SUDS 部件及其功能的列表：

① 雨水收集系统——收集雨水，帮助雨水在建筑内或当地环境中使用；

② 可渗透表面系统——水可以渗透入建筑结构面，从而减少输送入排水系统的径流量，比如屋顶绿化、透水铺装等。系统还包括地下储存和处理设备；

③ 渗透系统——有助于水渗入地面，通常包括临时储存区域，容纳缓慢渗入土壤中的径流量；

④ 输送系统——输送流向下游储存系统的水流，在一些可能的地方，如洼地，输送系统还能控制水流与流量，并进行处理；

⑤ 储存系统——通过储水放水来控制水流，控制被排出的径流量，还能进一步处理径流量，如池塘、湿地和滞洪区；

⑥ 处理系统——移除径流现有污染物或促进其降解。

SUDS 旨在实现多重目标，包括从源头移除城市径流的污染物，确保新的发展项目不会增加下游的洪灾风险，控制项目的径流，结合水管理与绿化用地，以增加舒适度、娱乐性以及生物多样性。

SUDS目前已经成为世界公认的主流雨洪管理系统，被认为是有价值的选择。

1.3.2.4 新西兰的低影响开发与设计（LIUDD）

新西兰地处南半球，面积27万多平方公里，由北岛、南岛、斯图尔特岛及其附近一些小岛组成。新西兰属温带海洋性气候，季节与北半球相反。夏季平均气温25℃，冬季平均气温10℃，四季温差不大，阳光充足，降水充沛，在640～1500mm之间，且年分配比较平均，优良的气候条件以及长期孤立隔绝的地理环境孕育了独特的自然生态景观。新西兰公众对自然环境也持有保护重于开发的态度；在城市建设中，绝对禁止开发重要的动物栖息地，并尽可能地应用本地植物，营造本地自然环境等。一系列政策与实践，使得这片土地犹如世外桃源，给人以契合自然的精神享受。

与欧美城市一样，历经城市美化运动（City Beautiful Movement），花园城市（the Garden City）等城市建设运动之后，目前，新西兰城市设计普遍运用“低影响的城市开发与设计（Low Impact Urban Design And Development，LIUDD）”政策。新西兰的低影响城市开发与设计（LIUDD）是在美国LID理念基础上结合澳大利亚WSUD以及新西兰本国城市特点发展而来的一种新型城市设计理念，该理念倡导城市绿色空间与蓝色空间的紧密结合，例如城市雨洪管理中，普遍应用城市雨水公园、生物塘等，绿色空间被设计成低于道路平面，有效地汇集地表径流，从而补给地下水；屋顶绿化等措施可以为本地鸟类提供栖息中转站；绿色空间的建设可以减少城市热岛效应。除此之外，新西兰的LIUDD则更强调本地植物群落在城市低影响设计中的应用，凸显生态功能与地域特色的结合，使得城市绿地在保护生物多样性中也能起到重要作用。

低影响城市开发与设计（LIUDD）在新西兰被定义为："一个跨学科的雨水系统设计方法，运用模拟自然生态系统的过程，对环境起到保护及优化的效果，并给社区带来积极的作用。"LIUDD也可理解为一套运用于土地利用规划与发展的指导原则，即：①促进多个学科之间互相合作，跨学科的规划与设计；②保护自然生态环境的价值和功能；③避免雨水排泄对环境的污染；④运用自然的过程及体系对雨水进行处理。

LIUDD实施的基本步骤如下。①全面评估设计场地，确定场地的潜在利用模式；②制定适宜的空间构架，以平衡自然环境与场地开发的关系，空间架构是LIUDD中最重要的组成部分：第一是环境架构，以保护或优化环境为主，其主要利用开放空间的链接、生态通道和改善后的自然环境，用于减轻土地开发利用对环境带来的破坏以及减少雨水径流；第二是开发架构，是针对场地的价值和敏感度而定，作用是引导建设区合理地利用土地，使重要开放空间、敏感区域或者边际土地的生态系统保持平衡；第三是场地区位及水文分布，影响项目的土地价值、生态及景观的敏感程度、区域规划增长的节奏、各种空间和设施的布局；③制定概念设计时，跟进水文分布图，需从源头至汇流处，全面考虑雨水的径流。

1.4 我国海绵城市的理论基础及方法

城市是集人类文明于一体的巨大产物，它的发展体现着人类文明的成功与失败。目前全球人口有一半生活在城市之中，截至2017年末，我国大陆13亿9008万人口中城镇常住人口有8亿1347万人，城镇人口占总人口比重为58.52%，并且正在快速增长。我国城市发展正面临着巨大的人口增长以及高速城镇化的进程，城市文明的成功与否都在这里成几何级数的放大，例如环境污染、交通拥堵、城市内涝、资源匮乏、食品安全等。城市是人工环境与自然环境相结合的产物，是复合型的人工生态系统，人工与自然的两大属性需要平衡发展，才能形成稳定而又具有韧性的城市体系。目前我国城市在高速发展下，由于只重经济不重环境、只重眼前不重未来，造成了我国城市目前自然属性严重弱化、城市病问题突出。例如城市内的湖泊水系、林地耕地等生态空间被占用破坏，城市下垫面硬质化等直接导致城市的生态系统功能衰退，造成城市水系统破坏和水资源平衡的紊乱，形成了城市内涝、水体污染、水质型干旱、地下水位降低等问题。

根据我国住房和城乡建设部 2010 年调查数据，2008～2010 年期间，全国 32 个省 351 个城市中 62％的城市发生过城市内涝，内涝灾害超过 3 次以上的城市有 137 个，最长积水时间超过 12 小时的城市有 57 个。城市内涝造成了巨大的财产损失和生命伤亡，内涝已然成为我国将近一半城市面临的常态化城市问题。

我国城市高速发展过程中面临的水环境问题，由于问题集中爆发，城市应对措施单一，虽然城市管理者与相关部门做了大量工作，但是由于城市的系统性，从末端处置城市化过程中产生的水质和内涝问题，是无法解决的。随着海绵城市理论的提出，从源头控制、低影响开发的现代雨洪管理思想得到城市建设者、管理者、学术界的认可，海绵城市建设工作也在政府试点城市的启动下，在全国得以全面推广。

但是海绵城市的建设既不是一日之功，亦不是功成于一役，而是一个系统性的长期工作，需要几十年持续的努力方可形成明显的成果。而我国幅员辽阔、地形地貌丰富、气候各自不同，因此海绵城市的建设应该根据不同城市所属气候区域特点及自身特点相匹配，进行因地制宜的海绵城市建设，形成各城市独有的海绵城市体系。我国海绵城市建设如果采取一个样板、千城复制的建设方式是不具有持续性和地域性的。

1.4.1 海绵城市的理论基础

海绵城市是我国新一代城市雨洪管理概念，是指城市在适应环境变化和应对雨水带来的自然灾害等方面具有良好的“弹性”或“韧性”。

1.4.1.1 海绵城市的理论借鉴

我国海绵城市理论的基础是基于美国雨洪管理体系发展而来，主要在最佳管理措施（Best Management Practices，BMPs）、低影响开发（Low Impact Development，LID）、绿色基础设施（Green Infrastructure，GI）这三个方面予以借鉴提升。

（1）最佳管理措施（BMPs）

最佳管理措施（BMPs）最初是用于管理美国城乡的面源污染的非强制性政策，后来发展成为控制城市降雨径流量和水质的综合性措施，但是其核心理念仍是停留在末端的综合管理，并于 1972 年在《联邦水污染控制法案》中首次被以法律形式明确作为城市雨水的“最佳管理措施”。

（2）低影响开发（LID）

20 世纪 90 年代初美国城市雨洪管理逐步形成了 LID 理念，是从径流源头控制开始的、以恢复城市自然水文系统为基础的暴雨管理和面源污染处理技术。相比于 BMPs，LID 更侧重于城市雨水管理的源头介入及其生态性、系统性和可持续措施的应用。LID 的主要理念是减小区域开发对雨水的影响。LID 理念和技术对于城市规划和管理产生了根本性的影响。

（3）绿色基础设施（GI）

至 20 世纪 90 年代末，GI 的定义首次出现，并逐步得到政府认可，它把自然系统作为城市不可或缺的基础设施加以规划、利用和管理，即“绿色基础设施是城市自然生命保障系统，是一个由多类型生态用地组成的相互联系的网络”。GI的理念和技术不仅仅针对城市水文管理，它首次将自然资源作为变化的主体纳入城市建设和管理，通过规划设计技术手段限制和引导人们对其使用，进一步丰富了海绵城市理论的内涵。

1.4.1.2 海绵城市的理论指南

2014年，我国住房和城乡建设部组织编制的《海绵城市建设技术指南——低影响开发雨水系统构建（试行）》明确了“海绵城市”的概念、建设路径和基本原则，并进一步细化了地方城市开展“海绵城市”的建设技术方法。2015年国务院办公厅印发《关于推进海绵城市建设的指导意见》国办发〔2015〕75号，明确了海绵城市是指通过加强城市规划建设管理，充分发挥建筑、道路和绿地、水系等生态系统对雨水的吸纳、蓄渗和缓释作用，有效控制雨水径流，实现自然积存、自然渗透、自然净化的城市发展方式。《海绵城市建设技术指南》与《关于推进海绵城市建设的指导意见》奠定了我国关于海绵城市的理论基础和基本技术支持。

城镇化是保持经济持续健康发展的强大引擎，是推动区域协调发展的有力支撑，也是促进社会全面进步的必然要求。然而，快速城镇化的同时，城市发展也面临巨大的环境与资源压力，外延增长式的城市发展模式已难以为继，《国家新型城镇化规划（2014—2020年）》明确提出，我国的城镇化必须进入以提升质量为主的转型发展新阶段。为此，必须坚持新型城镇化的发展道路，协调城镇化与环境资源保护之间的矛盾，才能实现可持续发展。党的十八大报告明确提出“面对资源约束趋紧、环境污染严重、生态系统退化的严峻形势，必须树立尊重自然、顺应自然、保护自然的生态文明理念，把生态文明建设放在突出地位……”。

建设具有自然积存、自然渗透、自然净化功能的海绵城市是生态文明建设的重要内容，是实现城镇化和环境资源协调发展的重要体现，也是今后我国城市建设的重大任务。

《海绵城市建设技术指南》中指出：海绵城市是指城市能够像海绵一样，在适应环境变化和应对自然灾害等方面具有良好的“弹性”，下雨时吸水、蓄水、渗水、净水，需要时将蓄存的水“释放”并加以利用。海绵城市建设应遵循生态优先等原则，将自然途径与人工措施相结合，在确保城市排水防涝安全的前提下，最大限度地实现雨水在城市区域的积存、渗透和净化，促进雨水资源的利用和生态环境保护。在海绵城市建设过程中，应统筹自然降水、地表水和地下水的系统性，协调给水、排水等水循环利用各环节，并考虑其复杂性和长期性。

海绵城市的建设途径主要有以下几方面：一是对城市原有生态系统的保护，最大限度地保护原有的河流、湖泊、湿地、坑塘、沟渠等水生态敏感区，留有足够涵养水源，应对较大强度降雨的林地、草地、湖泊、湿地，维持城市开发前的自然水文特征，这是海绵城市建设的基本要求；二是生态恢复和修复，对传统粗放式城市建设模式下，已经受到破坏的水体和其他自然环境，运用生态的手段进行恢复和修复，并维持一定比例的生态空间；三是低影响开发，按照对城市生态环境影响最低的开发建设理念，合理控制开发强度，在城市中保留足够的生态用地，控制城市不透水面积比例，最大限度地减少对城市原有水生态环境的破坏，同时，根据需求适当开挖河湖沟渠、增加水域面积，促进雨水的积存、渗透和净化。

海绵城市建设应统筹低影响开发雨水系统、城市雨水管渠系统及超标雨水径流排放系统。低影响开发雨水系统可以通过对雨水的渗透、储存、调节、转输与截污净化等功能，有效控制径流总量、径流峰值和径流污染；城市雨水管渠系统即传统排水系统，应与低影响开发雨水系统共同组织径流雨水的收集、转输与排放。超标雨水径流排放系统，用来应对超过雨水管渠系统设计标准的雨水径流，一般通过综合选择自然水体、多功能调蓄水体、行泄通道、调蓄池、深层隧道等自然途径或人工设施构建。以上三个系统并不是孤立的，也没有严格的界限，三者相互补充、相互依存，是海绵城市建设的重要基础元素。

《海绵城市建设技术指南》中指出：海绵城市建设—低影响开发雨水系统构建的基本原则是规划引领、生态优先、安全为重、因地制宜、统筹建设。

（1）规划引领

城市各层级、各相关专业规划以及后续的建设程序中，应落实海绵城市建设、低影响开发雨水系统构建的内容，先规划后建设，体现规划的科学性和权威性，发挥规划的控制和引领作用。

（2）生态优先

城市规划中应科学划定蓝线和绿线。城市开发建设应保护河流、湖泊、湿地、坑塘、沟渠等水生态敏感区，优先利用自然排水系统与低影响开发设施，实现雨水的自然积存、自然渗透、自然净化和可持续水循环，提高水生态系统的自然修复能力，维护城市良好的生态功能。

（3）安全为重

以保护人民生命财产安全和社会经济安全为出发点，综合采用工程和非工程措施提高低影响开发设施的建设质量和管理水平，消除安全隐患，增强防灾减灾能力，保障城市水安全。

（4）因地制宜

各地应根据本地自然地理条件、水文地质特点、水资源禀赋状况、降雨规律、水环境保护与内涝防治要求等，合理确定低影响开发控制目标与指标，科学规划布局和选用下沉式绿地、植草沟、雨水湿地、透水铺装、多功能调蓄等低影响开发设施及其组合系统。

（5）统筹建设

地方政府应结合城市总体规划和建设，在各类建设项目中严格落实各层级相关规划中确定的低影响开发控制目标、指标和技术要求，统筹建设。低影响开发设施应与建设项目的主体工程同时规划设计、同时施工、同时投入使用。

《指导意见》明确了海绵城市建设的工作目标和基本原则。

（1）工作目标

通过海绵城市建设，综合采取“渗、滞、蓄、净、用、排”等措施，最大限度地减少城市开发建设对生态环境的影响，将70%的降雨就地消纳和利用。到2020年，城市建成区20%以上的面积达到目标要求；到2030年，城市建成区80%以上的面积达到目标要求。

（2）基本原则

① 坚持生态为本、自然循环。充分发挥山水林田湖等原始地形地貌对降雨的积存作用，充分发挥植被、土壤等自然下垫面对雨水的渗透作用，充分发挥湿地、水体等对水质的自然净化作用，努力实现城市水体的自然循环。

② 坚持规划引领、统筹推进。因地制宜确定海绵城市建设目标和具体指标，科学编制和严格实施相关规划，完善技术标准规范。统筹发挥自然生态功能和人工干预功能，实施源头减排、过程控制、系统治理，切实提高城市排水、防涝、防洪和防灾减灾能力。

③ 坚持政府引导、社会参与。发挥市场配置资源的决定性作用和政府的调控引导作用，加大政策支持力度，营造良好发展环境。积极推广政府和社会资本合作（PPP）、特许经营等模式，吸引社会资本广泛参与海绵城市建设。

1.4.2 海绵城市的指导思想

在我国，海绵城市低影响开发的含义已延伸至源头、中途和末端不同尺度的控制措施。城市建设过程应在城市规划、设计、实施等各环节纳入低影响开发内容，并统筹协调城市规划、排水、园林、道路交通、建筑、水文等专业，共同落实低影响开发控制目标。因此，广义来讲，低影响开发指在城市开发建设过程中采用源头削减、中途转输、末端调蓄等多种手段，通过“渗、滞、蓄、净、用、排”等多种技术，实现城市良性水文循环，提高对径流雨水的渗透、调蓄、净化、利用和排放能力，维持或恢复城市的“海绵”功能。

海绵城市建设中的“渗、滞、蓄、净、用、排”六种核心措施主要包含以下内容。

（1）“渗”

通过土壤来渗透雨水，这同时也是一种吸纳雨水的过程。它的好处是可以避免地表径流，减少从水泥地面、路面汇集到管网里的雨水，可以涵养地下水，补充地下水的不足，还能通过土壤净化水质，改善城市微气候。从国外的经验看，土壤有一定的含水量后，白天可以适当蒸发，能够调节微气候。

（2）“滞”

主要作用是延缓短时间内形成的雨水径流量。城市内短历时强降雨，对下垫面产生冲击，形成快速径流，积水攒起来就导致内涝。因此，“滞”非常重要，可以延缓形成径流的高峰。

（3）“蓄”

人工建设破坏了自然地形地貌后，降雨就只能汇集到一起，形成积水。所以要把降雨蓄起来，蓄也是为了利用，也是为了调蓄和错峰，不然短时间内汇集这么多水到一个地方，就形成了内涝。

（4）“净”

水应该蓄起来，经过净化处理，然后回用到城市中。

（5）“用”

尽可能利用天上降下来的雨，不管是丰水地区还是缺水地区，都应该加强雨水资源的利用。应该通过渗透涵养，通过“蓄”把水留在原地，再通过净化把水用在原地。

（6）“排”

有些城市就是因为降雨多了，地表渗透不了，用也用不了那么多，所以才导致的内涝。这就必须要采取人工措施，把它排掉。

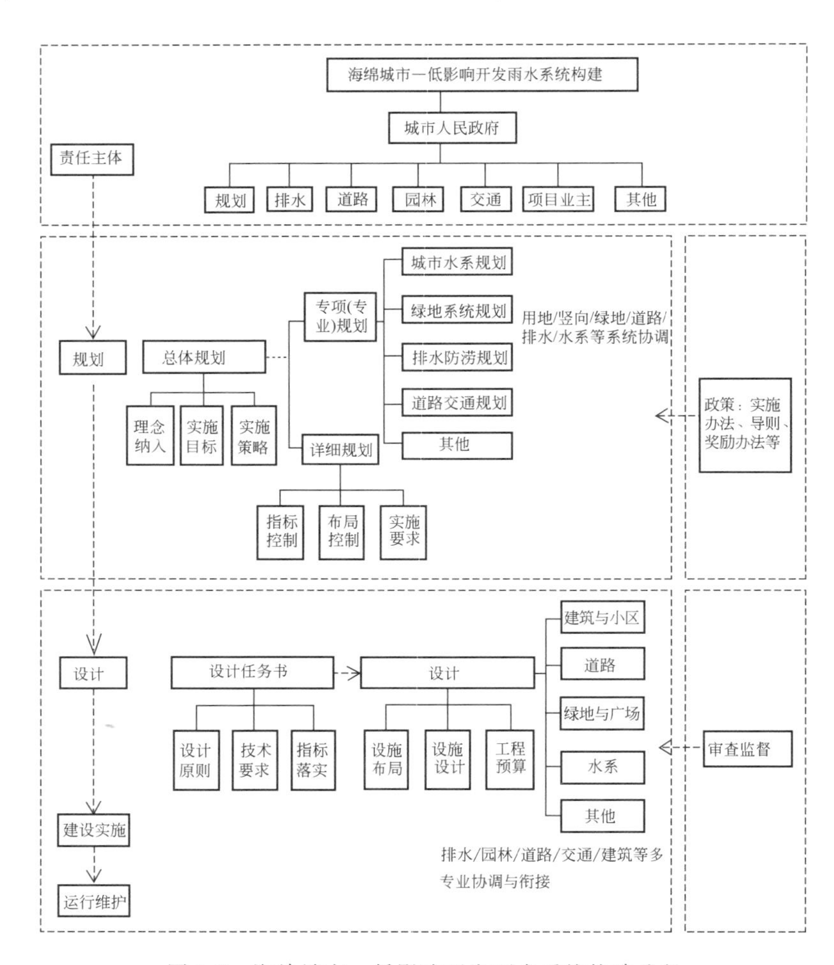

图 1-2　海绵城市—低影响开发雨水系统构建途径

《海绵城市建设技术指南》中指出：城市人民政府应作为落实海绵城市—低影响开发雨水系统构建的责任主体，统筹协调规划、国土、排水、道路、交通、园林、水文等职能部门，在各相关规划编制过程中落实低影响开发雨水系统的建设内容。海绵城市—低影响开发雨水系统构建途径如图 1-2 所示。

城市总体规划应创新规划理念与方法，将低影响开发雨水系统作为新型城镇化和生态文明建设的重要手段。应开展低影响开发专题研究，结合城市生态保护、土地利用、水系、绿地系统、市政基础设施、环境保护等相关内容，因地制宜地确定城市年径流总量控制率及其对应的设计降雨量目标，制定城市低影响开发雨水系统的实施策略、原则和重点实施区域，并将有关要求和内容纳入城市水系、排水防涝、绿地系统、道路交通等相关专项（专业）规划。

编制分区规划的城市应在总体规划的基础上，按低影响开发的总体要求和控制目标，将低影响开发雨水系统的相关内容纳入其分区规划。

详细规划（控制性详细规划、修建性详细规划）应落实城市总体规划及相关专项（专业）规划确定的低影响开发控制目标与指标，因地制宜，落实涉及雨水渗、滞、蓄、净、用、排等用途的低影响开发设施用地；并结合用地功能和布局，分解和明确各地块单位面积控制容积、下沉式绿地率及其下沉深度、透水铺装率、绿色屋顶率等低影响开发主要控制指标，指导下层级规划设计或地块出让与开发。

有条件的城市（新区）可编制基于低影响开发理念的雨水控制与利用专项规划，兼顾径流总量控制、径流峰值控制、径流污染控制、雨水资源化利用等不同的控制目标，构建从源头到末端的全过程控制雨水系统；利用数字化模型分析等方法分解低影响开发控制指标，细化低影响开发规划设计要点，供各级城市规划及相关专业规划编制时参考；落实低影响开发雨水系统建设内容、建设时序、资金安排与保障措施。也可结合城市总体规划要求，积极探索将低影响开发雨水系统作为城市水系统规划的重要组成部分。

生态城市和绿色建筑作为国家绿色城镇化发展战略的重要基础内容，对我国未来城市发展及人居环境改善有长远影响，应将低影响开发控制目标纳入生态城市评价体系、绿色建筑评价标准，通过单位面积控制容积、下沉式绿地率及其下沉深度、透水铺装率、绿色屋顶率等指标进行落实。

1.5 我国各地区海绵城市建设策略

1.5.1 中国降水量分布与海绵城市的关系

我国地域辽阔，国土东西横跨经度60多度，跨越5个时区，东西距离约5200km；国土南北跨越纬度近50度，南北距离约为5500km。更因为地势地理条件造就了不同的气候区。

我国气候带与干湿带的分布具有相近原则。①1月0℃等温线（也是亚热带与暖温带及高原气候区分界线）：大体沿着青藏高原东南边缘，向东经过秦岭—淮河一线。②800mm等降水量线（湿润区和半湿润区界线）：沿着青藏高原东南边缘，向东经过秦岭—淮河一线。③400mm等降水量线（半湿润区和半干旱区界线）：从大兴安岭西坡经过张家口、兰州、拉萨附近，到喜马拉雅山脉东部。④200mm等降水量线（半干旱区与干旱区界线）：大致通过阴山、贺兰山、祁连山、巴颜喀拉山到冈底斯山一线。⑤湿润区与干旱区的分界线，即年平均降水量400mm的分界线。从大兴安岭西麓—燕山—大青山—六盘山—巴颜喀拉山—唐古拉山—念青唐古拉山连线。此分界线以东降水丰富，为湿润区；此分界线以西，除天山、祁连山、阿尔泰山等山地降水量稍多外，其他地区都比较干旱。⑥季风气候区与非季风气候区的分界线：从大兴安岭—阴山山脉—贺兰山—巴颜喀拉山脉—冈底斯山脉。此分界线以东为季风区，在季风区中，冬季近地面受高压系统控制，盛行偏北风，气候干冷，夏季受低压系统控制，盛行偏南风，气候湿润。此分界线以西为非季风区，气候干旱。

我国各地年降雨量的分布差别很大，总体来说南方比北方多，沿海比内陆多。从东南沿海区域向西北内陆区域逐渐减少是我国年降水量空间分布的总趋势，我国各地的降雨量的分布也决定着干旱湿润区的边界。

根据我国目前城市发展现状以及城市内涝灾情，发现城市内涝原因主要有地理因素、环境因素、城市地表硬化、地下管廊不足、热岛效应和其他因素等几个方面。地理因素主要指城市所处气候区的降雨量、暴雨强度、降雨时长等几个方面；环境因素主要指城市内部的水文环境情况，河道水面湿地等是否被破坏，植物植被情况是否良好等；城市地表硬化主要指城市开发中下垫面硬化率、土壤渗透率等情况；地下管廊不足主要指城市目前排水管网建设标准是否过低，建设滞后导致无法满足多年一遇的降水排放；热岛效应是指城市建设中导致的气候变化，引起降雨过多，分布不均的情况；其他原因则指各种次要的影响因素，如管理措施、应急制度、预警制度等。

根据近年我国城市发生内涝灾害和降雨量的分析发现，内涝城市大部分属于800mm降水量及以上区域，少部分属于400～800mm降水量区域内。因此海绵城市的建设需要根据城市的降雨量和分布特点进行有针对性的建设，这从本质上决定了不同气候区在海绵城市建设中的创建途径和目标是不同的。

2014年住房和城乡建设部印发的《海绵城市建设技术指南》是我国目前唯一的海绵城市理论基础，作为全国纲领性文件具有一定指导意义，但在具体实践操作上，需要各地建设者和操作者根据城市所属区域的不同气候特点和自然特点进行地域性、独特性、需求性的分析、规划和建设。《海绵城市建设技术指南》中提出了“渗、滞、蓄、净、用、排”六大技术途径，不同城市应有不同的侧重点，例如干旱区域侧重“蓄”与“用”，湿润区域侧重“渗”与“排”。

1.5.2 我国不同区域的海绵城市建设

海绵城市建设属于一个系统工程，其中包含规划、水利、建设、市政、园林、林业和环保等领域，其本质是利用或恢复城市的自然系统及拟生态系统，包括江湖水系、公园绿地、农田林地等绿色生态空间，通过雨水源头多层次控制，延缓雨水径流速度，增加雨水滞留时间，以减少城市灰色排水系统的排放压力。

在正常的气候条件和城市管网完备的情况下，海绵城市通过低影响开发技术目前可以截留80%以上的降水。海绵城市的核心就是一片天对应一片地，让自己头上的雨水落在自己的脚下并返回大地。由于城市下垫面的硬化处理，导致雨水大量汇集到城市管网，而城市管网的配置建设又较低，因此造成城市内涝问题。海绵城市改造不是要否定城市排水管网的功能，而是系统性地恢复城市生态功能，减轻城市排水系统压力，同时构建大生态大自然的水文循环系统，最终解决城市内涝问题。

1.5.2.1 热带、亚热带南部季风气候区的海绵城市建设

我国热带、亚热带南部季风气候区域城市年平均降水量在1500～2000mm之间，旱雨季明显，降水集中在雨季，且降水量大。每年4～10月为雨季，全年雨量多集中于5～6月，且多台风带来的热带气旋雨和夏季强对流雨。该气候区域内的城市拥有丰富的自然资源和良好的水热条件，但由于多台风，因此水质状况一般，海绵城市建设过程中应根据城市的气候特点侧重“渗、滞、净、排”的措施处理。

因此在该区域的城市建设中，第一，要增加城市下垫面的渗透系数，使城市的地面可以呼吸，将雨水从源头进行下渗处理，例如将城市道路的结构更改为透水路面，增加自然绿地、水面生态空间等。第二，要恢复城市自然植被的范围，提高城市海绵体的体积和范围，为城市滞留雨水提供空间，例如增加城市公园森林、湿地水系等，道路两侧绿化带形成规模与层次，屋顶绿化率的提高等。第三，城市雨水汇集后要经过当地自然生物净化带，进一步提高雨水的水质，使污染物的去除率得到保证。第四，根据城市的气候特点和暴雨强度，以及海绵城市的系统规划，将自然生态廊道与灰色地下排水管网相协调，

打造适合该区域的人工与自然协作的水循环系统。

1.5.2.2 亚热带中部、北部季风气候区的海绵城市建设

我国亚热带南部、北部季风气候区域年平均降水量在1100～1600mm之间，全年有春雨、梅雨、秋雨三个雨季。气候特点是冬温夏热、四季分明，降水丰沛，季节分配比较均匀。5～6月为梅雨季节，7～10月有台风暴雨，其中9月份雨量占全年的1/4。该气候区域的城市属于平原地区，河湖密集，水网绿网相连，汇水范围大，海绵城市建设过程中应根据城市的气候特点侧重“渗、滞、排”的措施处理。

在该区域的城市建设中，第一应尽量保护原有生态环境的自然河流、湿地、湖泊等自然海绵空间不受城市开发的侵占，并对已经破坏的自然生态空间进行修复和恢复，保证城市的海绵体的体积及规模；同时考虑城市屋顶绿化、立体绿化、公园绿地多层次绿化对降水的滞留效果，保证雨水就地下渗率的提高，减轻城市管网压力。第二利用城市空间里的雨水滞留设施，如雨水花园、植草沟、湿塘、生物滞留设施等，延缓雨水径流速度，增加雨水滞留时间，提高下渗率，以增加水循环的生态性。第三在利用自然生态系统的基础上，考虑城市的暴雨强度及重现期，重视城市的管网配比，提高管网的建设级别，以保证汛期大排水的安全性。第四在保证前三个方面的基础上，同时考虑“净、蓄、用”的问题。

1.5.2.3 暖温带气候区的海绵城市建设

我国暖温带气候区域年平均降水量在400～1000mm之间，降水受夏季温带海洋气团或变性热带海洋气团影响，主要集中在6～8月，降水量占全年的4/5左右，夏季高温多雨，冬季寒冷干燥。但该区域的城市综合来看属于水资源短缺型城市。海绵城市建设过程中应根据城市的气候特点、水资源的情况侧重“蓄、排、用”的措施处理。

在该区域的城市建设中，第一尽量复原已破坏的生态环境，如恢复河道、湖泊水面等，增加城市的海绵蓄水空间，利于城市的雨水蓄存和错峰排水；第二在城市里面建设集中的雨水收集调蓄池、小型的雨水池、储水罐等设施，从源头到末端形成层层蓄存的方式，统筹水资源的蓄存和利用；第三在雨水源头，根据暴雨强度和重现期，在建设中将过量的雨水通过生态系统或地下管网引入远离城市的河流湖泊，保证城市的汛期安全；第四通过各种绿色措施促进雨水下渗和净化，补充地下水形成良好水循环。

1.5.2.4 中温带气候区的海绵城市建设

我国中温带气候区域，主要包括长城以北，东北平原、内蒙古高原、准噶尔盆地，年平均降水量在400～800mm之间，中温带地区夏季温暖、冬季寒冷，冬季长达5个月。该区域的城市综合来看属于水资源短缺型城市。海绵城市建设过程中应根据城市的气候特点、水资源的情况侧重“蓄、净、渗、用、排”的措施处理。

在该区域的城市建设中，第一，应保护或恢复原有自然的生态环境，增加城市的海绵蓄水空间，保证城市的雨水进入自然生态系统；第二，通过各种绿色措施进行生物净化，将雨水中的污染物指标降到标准以下，为水安全的循环提供保障；第三，在城市中较少硬质下垫面，使雨水在源头可以下渗补充地下水；第四，蓄存的雨水利用于景观用水、市政用水；第五，根据暴雨强度和重现期，建设海绵城市保证城市的汛期安全。

1.5.3 海绵城市建设在我国的展望

海绵城市理念是基于我国当代城市发展、可持续理念、生态文明建设的基础上提出的。“青山绿水就是金山银山”，习总书记提出的自然生态发展理念在海绵城市发展中得以体现，如生态恢复、源头控制、低影响开发、绿色基础设施等重要生态理念。

我国城市发展应遵循海绵城市理念的基础，从系统出发，从宏观着眼，从微观入手，从点滴铺垫，形成系统化的海绵城市理论框架，根据可持续发展的规律，以规划为先导，用生态为指引，通过绿色基础设施统筹解决城市“水”的问题。同时，管理者要从管理角度，发动公众参与，提高市民对海绵城市的认同，为城市的可持续发展做出应有的贡献。海绵城市的建设与发展，必将解决我国城市发展中城市内涝和水质污染的问题，同时将对城市水生态、水资源、水安全、水环境的大问题起到更好的促进作用。

2 北方地区的海绵城市设计理论及方法

2.1 北方地区的自然地理特征

2.1.1 北方地区的地形地貌

我国在地理学上，根据地形地貌与人文的差异将全国划分为四大地理区域，即北方地区、南方地区、西北地区和青藏地区。不同的地理区域由于有着各自不同的地理特征、气候特点、民俗风情与资源特点，也孕育了不同地区的城市建设及不同的分布特性。

北方地区位于秦岭淮河以北，大兴安岭乌鞘岭以东，东临渤海和黄海，面积约占全国的20%，跨越了全国15个省与直辖市。北方地区地形主要是平原，少部分是高原与山地，主要包括了东北与华北平原，以及黄土高原三大区域。

北方地区主要包括寒冷地区和严寒地区两大气候区域。

寒冷地区是指我国最冷月平均温度满足－10～0℃，日平均温度≤5℃的天数为90～145天的地区，是我国五个气候区之一。寒冷地区冬季较长而且寒冷干燥，其平原地区夏季较炎热湿润，高原地区夏季较凉爽，降水量相对集中；气温年较差较大，日照较丰富；春、秋两季短促，气温变化剧烈；春季雨雪稀少，多大风风沙天气，夏秋两季多冰雹和雷暴。

寒冷地区主要是指我国北京、天津、河北、山东、山西、宁夏、陕西大部、辽宁南部、甘肃中东部、新疆南部、河南、安徽、江苏北部以及西藏南部等地区，分别属于华北平原大部、东北平原南部、内蒙古高原南部区域。

严寒地区是指我国最冷月平均温度≤－10℃或日平均温度≤5℃的天数≥145天的地区，是我国五个气候区之一。严寒地区冬季严寒且持续时间长，夏季短促且凉爽；西部偏于干燥，东部偏于湿润；具有较大的气温年较差；冰冻期长，冻土深，积雪厚；太阳辐射量大，日照丰富；冬天经常刮大风。严寒地区在我国的分布主要是东北、内蒙古和新疆北部、西藏北部、青海等地区。

东北平原（Northeast China Plain）和华北平原（North China Plain）是我国面积最大的两大平原，属于典型的河流冲积平原，是北方地区的重要组成部分，也是我国城市群密集区域，人口众多、经济发达、交通便利，更是全国重要的农业生产基地。

东北平原或称松辽平原（广义）、关东平原，是我国三大平原之一，也是我国最大的平原，位于我国东北部，地跨黑、吉、辽和内蒙古四个省区，地处大兴安岭、小兴安岭和长白山之间，北起嫩江中游，南至辽东湾，主要由松嫩平原、三江平原和辽河平原三部分组成。南北长约1000km，东西宽约400km，面积达35万平方千米，海拔在50～250m左右。东北平原地势低洼、山水环抱、沼泽众多、排水不畅，雨期一旦遭遇多年不遇的暴雨侵袭，江河泛滥，洪涝灾害严重。

华北平原是我国第二大平原，又称黄淮海平原，是我国东部大平原的重要组成部分。华北平原地势低平，多在海拔50m以下，是典型的冲积平原，由于黄河、海河、淮河、滦河等所带的大量泥沙沉积所致，部分在渤海—华北盆地。北抵燕山南麓，南达大别山北侧，西倚太行山—伏牛山，东临渤海和黄海，跨越京、津、冀、鲁、豫、皖、苏7省市，面积30万平方千米。平原地势平坦、河湖众多、交通便利、经济发达，自古即为中国政治、经济、文化中心，平原人口和耕地面积约占我国的1/5。

由于春季蒸发量上升，降水量较少，河流径流量较少，以及人为原因，华北平原常会出现春旱的问题。同时由于黄河携沙量大，导致河流决堤、泛滥频繁，且深受季风气候影响，雨季水量骤增极易造成暴雨洪涝。

黄土高原（Loess Plateau）位于我国中部偏北部，为我国四大高原之一，总面积64万平方千米，横跨我国青、甘、宁、蒙、陕、晋、豫7省区大部或一部分，主要由山西高原、陕甘晋高原、陇中高原、鄂尔多斯高原和河套平原组成。

黄土高原东西长1000余公里，南北宽750km，包括太行山以西，青海省日月山以东，秦岭以北，长城以南的广大地区，海拔高度800～3000m。黄土高原属干旱大陆性季风气候区，地势由西北向东南倾斜，大部分为厚层黄土覆盖，丘陵起伏、沟壑密布。北方地区北部和西北部分地区属于内蒙古高原，地形地貌与黄土高原近似。

2.1.2 北方地区的气候特点

北方地区辽宁以南属于温带季风气候的暖温带，四季分明，1月平均气温－10～0℃，7月平均气温18～28℃。年日平均气温≥25℃的天数＜80天，年日平均气温≤5℃的天数90～145天。该区冬季较长且寒冷干燥，平原地区夏季较炎热湿润，高原地区夏季较凉爽，年降水量区间为350～1000mm，降水受夏季温带海洋气团或变性热带海洋气团影响，主要集中在夏季6～8月，占全年降水量的4/5左右，具有鲜明的区域性暴雨特点，因此每年7～9月北方大部分地区将进入主汛期，雨量增大，洪涝灾害易发。气温年较差较大，日照较丰富；春、秋季短促，气温变化剧烈；春季雨雪稀少，多大风风沙天气，夏秋多冰雹和雷暴。

辽宁以北属于中温带，夏季温暖、冬季寒冷，冬季长达5个月。年均温度2～8℃左右，干湿季分明，全年湿度较大。年降水量平均为400～800mm，其中辽宁省年降水量在600～1100mm之间，吉林省年平均降水量为400～600mm，但季节和区域差异较大，80%集中在夏季，以东部降雨量最为丰沛。黑龙江省年降水量多介于400～650mm之间，中部山区多，东部次之，西、北部少。在一年内，生长季降水为全年总量的83%～94%。降水资源比较稳定，尤其夏季变率小，一般为21%～35%。

东北平原夏季高温多雨，冬季严寒干燥，大陆性气候由东向西渐强。年降水量在350～700mm左右，年降雨量由东南向西北递减，降水量的85%～90%集中于5～10月，雨量的高峰在7～9月3个月。年降水变率不大，为20%左右。干燥度由东南向西北递增。东北平原年降水量变率很小，但由于地势低洼海拔较低，夏季汛期江河沿岸与低洼地区常有洪涝灾害发生。但东北平原的城市综合来看属于水资源短缺型城市。

华北平原南、北部分属于北亚热带和暖温带气候，平原年均温8～15℃，年降水量500～1000mm，在春季由于干旱少雨，蒸发强烈，旱情严重；夏季高温多雨，频繁集中，雨量为常年雨量的50%～75%，常伴有洪涝灾害；冬季干燥寒冷。华北平原从南到北，随着纬度的增加年均温和年降雨量逐渐减少。由于地势低洼、降雨集中，蒸发量高，华北平原形成夏季洪涝常发、春秋干旱的特征气候。综合来看华北平原的城市属于水资源贫乏城市，因此需要对洪涝灾害进行防控并对雨水资源进行合理收集利用，以解决旱涝交替的区域问题。

黄土高原南、北部分属于暖温带、中温带气候，东西分属半湿润、半干旱两区。年平均温度为3.6～14.3℃，具有冬季严寒、夏季暖热的特点。黄土高原夏秋多雨，冬春干旱，年降水量为150～750mm，自东南向西北逐渐减少，年蒸发量为1400～2000mm，各区域普遍水资源缺乏。降水多集中在7～9月，占全年降水量的60%～80%。但是区域降水的年际和季节变率很大，年变率为20%～30%，季节变率为50%～90%。丰水年与枯水年降雨量甚至是几十倍的差异，导致暴雨天气多发。因此黄土高原的城市属于水资源贫乏城市，但洪涝灾害强烈地区，需要对城市雨水进行有效疏导，避免内涝，多元收集蓄存利用水资源，在干旱时减少对地下水的需求。

2.1.3 北方地区的水文状况

我国水文地质及水系流域相对发达，但东西分布不均。我国多条重要河流都流经北方地区，尤其东北平原与华北平原的河流水系较为发达。黄土高原的水资源较为匮乏，主要有黄河及其支流流过。

东北平原是我国最大的冲积平原，主要江河有黑龙江、松花江、乌苏里江、辽河、嫩江、鸭绿江、牡丹江等，由于平原地势低洼，河湖水系众多，多于夏季暴雨季节发生洪涝灾害。

东北第一河——黑龙江是我国第三大河流，全长约4440km，仅次于长江、黄河。我国境内流域面积约89.1万平方公里。流域水量丰富，夏秋的季风雨是河流的主要补给，降水季节差异较大，4～10月暖季降水量占全年的90%～93%，其中6～8月就占60%～70%，因此每年5～10月则进入夏季洪涝期。河流径流量的季节分配是：春季占10%～27%，夏季占50%，秋季占20%～30%，冬季占4%以下。年径流量变化较大，丰水年为枯水年的3.5～4.0倍。每年11～4月为河流冰封期，4月冰雪融化形成春汛。东北第二大河——松花江，自南向北流经哈尔滨、佳木斯等多个城市，最终汇入黑龙江，全长约1927km，流域内主要依靠大气降水及融水补给，水量丰富。年径流特征具有明显的季节变化特征，同流域内降雨时间及地区分布基本一致。春汛是由融雪造成，7～9月由于夏季暴雨集中，容易引发流域洪水，影响面积大、时间长。东北第三大河——辽河，自北向南流经沈阳、鞍山、盘锦等城市，最终汇入渤海，全长约1345km。辽河流域各地降雨量及径流量分布极为不均，西北上游区域少而东南沿海区域较多，河流中下游辽河平原，夏季雨量丰沛，暴雨集中，洪涝灾害频繁。辽河流域是中国水资源贫乏地区之一，特别是中下游地区，水资源短缺更为严重。

华北平原是我国第二大平原，地势平坦，河湖众多，主要江河有黄河、海河和淮河。黄河是我国第二长河，也是我国的母亲河，全长5464km，流域面积约75.24万平方公里，但水量偏少，是华夏文明的发源地。黄河在华北平原区域自西向东流经河南省、山东省，最终汇入渤海。黄河流域广阔，上下游的高差悬殊，造成沿河城市气候差异明显。黄海的河水补给主要靠流域降水，但是整体流域降雨及水资源分布不均，且蒸发量大，年际变化大，水量由东向西递减，气候冬干春旱，夏季暴雨集中多洪涝灾害。海河是华北平原最大水系，全长1050km，流域面积26.5万平方公里，流经京、津、冀等八省、直辖市，流域内大中小城市密集，是我国首都经济圈的核心区域。海河流域属于大陆性季风气候，年均降水量为400～700mm，降雨年际变化大，夏季降雨集中且以暴雨为主。沿海地区中海河属于降雨量少但降雨分布不均的突出地区，并且河水主要靠降雨补给，因此该区域春旱多发，秋季洪涝危害明显。淮河处于华北平原南部，全长约1000km，流域面积约27万平方公里，流域内中小城市聚集，途经豫、鄂、皖、苏四省，最终分三路汇入长江、黄海与海州湾。地处南北气候过渡带，气候多变，年均降雨量900mm，但是降雨年际变化大，分布不均，流域内极易发生水旱危害。

黄土高原上的河流以黄河及其支流为主。高原地质复杂、海拔较高、冬长夏短、气候干燥、蒸发量大、降雨量小。上游区域植被较好，蓄滞水作用较强，下游区域为干旱地区，故不易发生洪涝。中段区域沟壑纵横、支流汇聚、水量充沛、河道顺直，易发洪涝灾害。

综上所述，北方地区的东北平原地区地形较为平坦，年际降雨量分布不均，过于集中，因此城市内涝问题面临较大考验。华北平原地貌平缓、年均降雨量较高，且夏季集中强降雨，极易造成暴雨洪涝灾害。

2.2 北方地区城市暴雨内涝的特征

2.2.1 北方地区暴雨内涝特征

通过对北方地区的地形地貌、气候特点、水文情况进行分析可知，北方地区具有代表性的三大区域分布是东北平原、华北平原和黄土高原。

东北平原和华北平原由于地势平坦、水系发达，城市聚集形成城市圈。黄土高原地区由于地形复杂、环境恶劣，城市相对较少。由于气候不同导致降雨量不同，北方地区的年降雨量，华北平原最多，东北平原次之，黄土高原最少。北方地区的气候特点是雨热同季，雨季集中，因此形成了年际降雨不均、季节性暴雨多发、旱涝明显、交替多发的灾害现象。由于城市地势平坦，暴雨多发且集中，而城市排水模式又是分区汇集、集中排放，导致城市的内涝现象由于暴雨强度的增加也愈演愈烈。

北方地区的降雨量远远小于南方地区，出现暴雨洪涝的频次也低于南方，但是历年的数据体现出，北方出现灾害的概率并不比南方低。例如自 1954～2005 年间我国 19 次重大灾害中，暴雨洪涝占到了 13 次，北方地区共计 7 次，其中华北平原暴雨洪涝次数为 5 次，东北平原为2次，而南方地区却仅出现8次。由此可见相对极端暴雨洪涝灾害，北方由于河湖湿地、森林绿地等生态空间不足，对于雨水蓄滞能力不足，而平原地势平缓，城市排水不利，一旦降雨过于集中，便容易导致城市的内涝与洪涝灾害。新中国成立后重大灾害损失简况如表2-1所示。

表2-1 新中国成立后重大灾害损失简况

时间	重大灾害	经济损失/亿元
1954年夏	长江暴雨洪涝	100多
1963.8	河北暴雨洪涝	60多
1975.8	河南暴雨洪涝	100多
1976.7	唐山大地震	100多
1981.8	四川暴雨洪涝	50多
1985.8	辽宁暴雨洪涝	47
1987.5	大兴安岭森林火灾	约50
1991.7	江淮暴雨洪涝	约500
1992.8	16号台风	92
1994.6	华南暴雨洪涝	约300
1994.8	17号台风	170
1995.6	江西、两湖暴雨洪涝	约300
1995.7	辽宁、吉林暴雨洪涝	约460
1996.6	皖、赣、两湖暴雨洪涝	300多
1996.7	河北暴雨洪涝和8号台风	546
1998年夏	长江洪水	2551
1999.9	台湾集集地震	约760
2004.8	14号台风	181.28
2005.5	四川、湖南、贵州等地强降雨	24.7

基于北方地区地形地貌、河流水系、降雨分布特征及历史内涝等

的梳理，发现北方地区由于地形地貌排水不利、河湖海水系复杂、水位较高、城市排蓄设施落后不合理、生态调蓄能力低下，导致其具有降雨内涝的内在不利因素。而北方地区由于处于季风雨带区，受地形、滨海、城市水位的影响经常出现暴雨频率高、强度大的降雨事件，因此暴雨典型区域和内涝典型区域的复合造成了北方地区城市内涝频繁、降雨看海的都市奇观。

2.2.2 北方地区城市内涝原因分析

北方地区人口密集、城市众多，由于地域因素，北方四季分明、雨热同季，年降雨量虽不如南方大，但是年际分布极其不均，通常在2～3个月降雨达到年降雨量80％以上，因此北方城市处于地理气候下的暴雨典型区域。北方冬季持续时间长、植物干枯、风沙大，冬季冰雪对地下水的补充较弱，这都是北方地区水资源缺少的客观条件。冬末春初反复冻融对城市道路、排水系统构造等均易造成破坏，也是城市内涝的影响因素。北方城市的自然生态薄弱、人工地表与耕地覆盖面大、地区脆弱性高、防涝设施薄弱、河湖水系萎缩、市政排水实施不足，都是其内涝典型区域的城市特点。

目前城市的快速发展导致城市内涝概率的增加；城市脆弱性的增加是城市暴雨内涝的核心问题；城市生态环境破坏导致城市自我修复能力的丧失或降低、河流水系海绵体的萎缩导致城市蓄滞能力的降低、城市建设因下垫面不透水导致地下水位的持续降低、城市管网配套低下无法满足人工排涝需求，以上均是城市韧性降低引发内涝灾害的主要原因，也是目前城市化下暴雨内涝面临的共同问题。

综合分析，城市的地形地貌、气候水文、河流湖泊、湿地植被、城市下垫面、人口规模、城市规模、排水系统、灾害应急制度等，都是北方城市快速发展中暴雨内涝的影响因素，如何解决好相互之间的关系，直接决定了海绵城市的发展方向。

2.3 北方地区海绵城市建设的发展限制

2.3.1 城市城区范围内绿色海绵体不足

我国改革开放以来，城市发展迅速，房地产业成为拉动城市经济的主要引擎。城市城区内为了经济发展，原有的城市绿地、湖泊、水系很多都被侵占，城市主城区内的商业住宅用地越来越多，城市绿地越来越少，而土地价格的疯涨带动房地产商更为彻底的开发和建设。开发商在购买土地后，更希望容积率越来越高，对绿化、景观、水系等投资则是越低越好，如此导致城市里的房子越来越多，绿化越来越少，成为城市发展的恶性循环。

目前北方地区城市城区内缺少绿色海绵体不仅是个案，而是普遍现象，这是我国大多数城市的现状问题，更是北方地区城市的重要问题。海绵体缺少的原因有以下几点。

① 城市为拉动经济，吸引投资，会更改规划，将城区内的绿地划给建设用地，如此导致城市的总体绿化率不变，但是城区内的绿化率越来越低，海绵体越来越少。

② 城市规划部门对城市城区内建设用地绿化率的规定都是下限，开发性质的土地建设几乎没有提高绿化率的，由此导致城市的绿化率越来越低。

③ 城市建设中道路越来越多、越来越宽，大多数的道路建设都是不透水的沥青路面，城市下渗的空间越来越少。

④ 城市发展越快，开发建设用地做满铺地下室的越多，地面绿化就越少，问题更深的是地面绿化与地下水的联系就越少。

⑤ 城市发展中总体规划不断更改，导致道路、建设的反复拆改，

导致城市的道路绿化体系无法成长，总处于萌芽阶段，绿色的生态体系无法建立，导致海绵体无法增长。

⑥ 北方地区气候特点决定了北方大多数的植物是落叶型乔灌木，夏季枝叶繁茂、冬季枯枝无叶，植物特点决定了北方地区绿色海绵体季节性明显的特征。

2.3.2 海绵城市建设政策支持不足

我国建设推广海绵城市是2014年以来国家层面推广的一个新型雨洪管理体系和城市建设指南。由于理论较新，缺少实践经验，目前在国内只进行了2批共30个试点城市进行海绵城市建设。我国幅员辽阔、东西南北经纬度跨度较大，自然条件差异巨大，各地政府需要结合自身的城市特点、气候条件、地理水文等情况进行建设，同时需要提出适应自身的政策法规来实施与推进。而国家推行的《海绵建设指南》和《指导意见》作为纲领性文件是可行的，但是作为全国性的法律法规，尚缺乏行业内统一的建设标准。而目前对北方地区建设海绵城市无论是政策支持还是技术支持都处于摸索阶段。

2.3.3 海绵城市建设公众认识参与不足

北方地区特殊的地理因素导致水资源的匮乏，并且公众对此意识不强。对于城市内涝的问题，公众意识目前只停留在围观、抱怨，只意识到城市排水的问题，城市内涝带来的不便和灾害，却没有意识到水资源利用的问题。

关于海绵城市建设的理念，不仅需要政府和建设者的关心，更需要公众认识的提高。如此方能形成从政府到民间的相互监督、共同促进、共同发展，对推进海绵城市建设与发展带来更为强劲的助力。

2.3.4 海绵城市科研理论和技术处于起步阶段

我国海绵城市的建设理念提出仅仅几年，对于我国的各个领域的科研工作者来说，还是一个新兴事物。因此，我国目前对于海绵城市建设理论知识和实践技术与国外几十年的经验相比还有着相当大的差距。同时海绵城市理论应是一个大系统性的城市发展与自然相容的理论体系，需要各学科的相互进步与交融，因此需要时间与实践一起推动该理论的发展和进步。对于国外先进的成功范例，也需要结合我国国情以及地域特点，有选择地学习借鉴，创造出符合我国发展的海绵城市理论体系。目前我国对国外理论的借鉴主要集中在整体思想和局部设施，缺少系统性建设，国家对于相关研究的资金支持不足，发展缓慢。

2.3.5 针对北方海绵城市建设经验稀缺

我国海绵城市建设目前南方城市的经验略多一些，即使借鉴的国外成功案例也是与南方气候相仿。北方海绵城市建设的经验除了国家第一批试点城市仅有白城一个北方城市，而白城城市的规模较小、自然条件较好，对我国其他北方城市的借鉴意义不具有显著的标志性。第二批试点城市的成果目前还没有得到检验，对于北方海绵城市建设的经验稀缺。

2.4 北方地区海绵城市建设的发展建议

2.4.1 构建城区海绵城市体系

北方地区的海绵城市建设，首先要对城市的海绵系统骨架进行建设，对城区内部范围的原有河流、湖泊、水系进行梳理保护，并尽可能恢复已经破坏的水系绿地系统。第一保证城区内的大型海绵体（河流、湖泊、湿地、林地、耕地等）的规模体量；第二对于城区系统的中型海绵体（公园绿地、道路绿地、集中绿地等）进行扩充和发展，提高中型绿色海绵空间的比例；第三对于城区内部建筑之间的小型海绵体（干塘、湿塘、生物滞留设施、宅间绿地、屋顶绿化等）进行见缝插针式建设。对于以上三个层次的海绵体，相当于树木的主干、枝干、树叶的关系，三者缺一不可，却又有着层级递进的关系。

海绵城市建设需要系统的建立，从大中小型海绵体的建设，到从源头到末端的水控制，这都是各种海绵体的作用体现。小型海绵体的建设，如植草沟、屋顶花园、雨水花园、湿塘、生物滞留设施等，正是从源头进行控制，将雨水就地解决下渗，补给给地下水，减少雨水径流汇集。中型海绵体的建设，如集中绿地、小型湿地、公园绿地等，起到中端控制作用，对城市雨水径流速度予以减缓、滞留时间延长，缓解雨水汇集速度，提高雨水下渗量。大型海绵体的建设，如河流水系的恢复、湿地的保护、林地的复原等，是对城市雨水汇集起到容蓄作用，让暴雨来临时有容蓄的空间，保障城市的安全，避免内涝灾害，并对水资源起到保护和利用的作用。

2.4.2 从“一到百”的海绵城市系统

城市因为所属地域不同，气候条件虽都所属北方地区，但各自年降雨量仍有很大区别。年降雨量即使比较接近，但是季节分布不均，造成的暴雨强度差别亦是很大。每个城市的年降雨量都有变化，因为地球大环境的变化，导致出现几年一遇的暴雨、几十年一遇的暴雨甚至是百年一遇的暴雨。海绵城市建设中需要考虑到暴雨出现的概率，并根据海绵城市总体建设标准，对城市雨水的处理从一年到百年均衡的考虑和衡量。

例如，一年一遇的降雨从源头处理，使其下渗补充地下水或进行雨水利用。三年一遇的降雨从源头解决部分下渗收集，中途运输考虑雨水的下渗和收集，使雨水的利用和下渗达到最佳状态。十年、二十年一遇的降雨从源头解决部分下渗收集，中途运输考虑城市的下渗和收集，末端海绵体要有容蓄空间，保证雨水危害的减小，同时考虑大排水系统，在保证道路通行的基本安全的前提下，道路可以作为排洪通道。五十年一遇、百年一遇的降雨考虑洪水快速排出系统，将城市安全和人民生命财产安全放在第一位。

海绵城市系统建设需要统筹考虑从一年到百年的降雨处理，做到从源头到末端，从常规到极端，从雨水到洪涝危害所有问题统一考虑进行系统规划设计。

2.4.3 打造数字模拟的量化海绵

海绵城市建设是一个系统化的工程，需要多领域、多学科的交融，但更需要科学的计算和严谨的研究。暴雨模型软件模拟成为海绵城市建设中非常重要的技术支撑。

目前全球各国比较认可的暴雨洪水管理模型是由环境保护署（Environmental Protection Agency，EPA）研发的暴雨洪水管理模型（Storm Water Management Model，SWMM）软件。SWMM是一个动态的降水-径流模拟模型，主要用于模拟城市某一单一降水事件或长期的水量和水质模拟。其径流模块部分综合处理各子流域所发生的降水、径流和污染负荷。其汇流模块部分则通过管网、渠道、蓄水和处理设施、水泵、调节闸等进行水量传输。该模型可以跟踪模拟不同时间步长任意时刻每个子流域所产生径流的水质和水量，以及每个管道和河道中水的流量、水深及水质等情况。SWMM自1971年开发以来，已经历过多次升级。在世界范围内广泛应用于城市地区的暴雨洪水、合流式下水道、排污管道以及其他排水系统的规划、分析和设计，在其他非城市区域也有广泛的应用。

因此，我国海绵城市建设中关于SWMM软件或者其他类似软件的研发和推广，是我国海绵城市未来发展的主要技术支撑。

2.4.4 适应北方地区的海绵城市

海绵城市的建设一定要基于地方气候水文等条件而建设。南方城市经验略多，但北方城市相比南方城市有其独特的地理气候特征，致使许多南方实用的LID设施在北方城市“水土不服”，例如：由于北方地区属于温带大陆性季风气候，雨水较少，沙尘较大，城市的清洁度不够，因此南方常常使用的透水路面在北方不是特别的实用。原因如下：第一，北方冬季温度较低，城市1月平均气温－10～0℃，由于反复冻融的原因，透水路面的基层容易因冻胀而造成路面的破坏；第二，北方沙尘较大，因此透水路面的空隙容易被沙尘和泥堵死，造成透水路面不透水的尴尬局面。

适应北方的海绵城市一定要符合北方城市的气候特点：第一，关注夏雨冬雪的问题；第二，关注水资源利用的问题；第三，关注北方本地植被在海绵城市利用的问题；第四，关注丰水期枯水期的海绵体存活问题。

2.4.5 冬季降雪的海绵处理

北方地区与南方地区的气候特点截然不同，每年5个月的冬季让南方的雨变成了北方的雪。冬季的降雪目前在北方有三种处理方式，一种是机械除雪，另一种是化学除雪，还有一种是机械除雪与化学除雪相结合的方式。机械除雪主要指的是使用机械化的设备进行除雪，具有绿色环保的特点，但是具有一定的局限性，经济代价高，并且仅适合蓬松雪、压实雪的清理，对于薄的冰板、冰雪板等不太适合。化学除雪指的是采用融雪剂的方法，让雪与融雪剂混合变成雪水，排入雨水管道。该方式便捷省事、经济，但是对于雪水污染很大，并且对于雨水管道污染较重，而喷洒除雪剂时对道路两侧的绿化植物及土壤又具有腐蚀作用，融雪剂的残留物又可腐蚀路面和汽车轮胎。由于单纯机械除雪代价高，单纯化学除雪不环保，北方目前大多少城市采用二者结合的方式进行除雪。虽然效率高了、污染减少，但是对于雪水资源仍然是一种浪费。对于水资源比较缺乏的北方城市，如何很好地处理冬季的海绵雪水，是一个重要的课题。

从可持续性的发展及目前情况来看，化学除雪是必然要淘汰的（如果基本没有腐蚀损害的醋酸钾类有机融雪剂能够大量获取，或出现新的无腐蚀损害的融雪剂，化学除雪将得到新的认可）。因此，对于日后纯机械除雪的北方城市，在城市道路中需要考虑降雪过程中一次堆雪空间，二次堆雪空间及蓄存冰雪空间。这是北方城市对于冬季水（雪）的海绵考虑，也是对于水循环、水安全、水资源的综合发展建议。

2.4.6 滨海城市风暴潮叠加的海绵控制

北方地区东临黄海与渤海，临海的滨海城市与内陆城市进行海绵城市建设中面临不同的问题，滨海城市建设海绵城市会更为复杂。紧邻大海，让滨海城市拥有了更为广阔的海绵体和排放雨水的空间，但海潮每天两次上涨，也是城市排水系统面临的危机。在城市建设中，对于城市排水系统面临的问题不仅仅是极端天气雨水的排放，更需要考虑海潮上涨，雨水无法排出时的容蓄问题。需要根据各地城市潮位的高低变化、时间的区段变化，进行海绵城市建设。因此，北方地区滨海城市的海绵城市控制指标需要更为精确的计算和负荷，需要考虑更多的是蓄与排的关系。

2.4.7 选用本土植物建设海绵城市

北方城市四季分明，雨热同季，因此降雨季节性非常明显，枯水期时间一年两次，一次在冬季，另一次在春末夏初。海绵城市建设中，植物配置对海绵体的建设非常重要。本土植物对当地的气候条件、土壤条件和周边环境具有很好的适应能力，同时能发挥更好的去污染能力，对于海绵城市建设具有极强的地方特色。

植物选择中优选根系发达、茎叶茂盛、净化能力强的植物。植物对于雨水中污染物质的降解和去除机制主要有三个方面：一是通过光合作用，吸收利用氮、磷等物质；二是通过根系将氧气传输到基质中，在根系周边形成有氧区和缺氧区穿插存在的微处理单元，使得好氧、缺氧和厌氧微生物均各得其所；三是植物根系对污染物质，特别是重金属的拦截和吸附作用。如芦苇、海芋，固沙力强、吸污力强，能过滤大颗粒悬浮物、细小砂砾和易沉降的污染物；菖蒲、水芹能消灭大肠杆菌等病原体；莎草、再力花、睡莲能净化重金属；水葱、美人蕉簇能保持水质稳定。

选用既可耐涝又有一定抗旱能力的植物，因水量与降雨息息相关，存在满水期与枯水期交替出现的现象，因此种植的植物既要适应水生环境又要有一定的抗旱能力。因此，根系发达、生长快速、茎叶肥大的植物能更好地发挥功能，例如马蹄金、斑叶芒、细叶芒、蒲苇、旱伞草等。

选择可相互搭配种植的植物，提高去污性和观赏性。不同植物的合理搭配可提高对水体的净化能力。可将根系泌氧性强与泌氧性弱的植物混合栽种，构成复合式植物床，创造出有氧微区和缺氧微区共同存在的环境，从而有利于总氮的降解；可将常绿草本与落叶草本混合种植，提高花园在冬季的净水能力；可将草本植物与木本植物搭配种植，提高植物群落的结构层次性和观赏性。

2.5 北方地区海绵城市适用的 LID 设施

《海绵城市建设技术指南—低影响开发雨水系统构建》中列举了不少 LID 设施，对于北方地区，既有适合的，也有不适合的，其中适合推广使用的有以下设施。

2.5.1 透水铺装

2.5.1.1 透水铺装的概念与构造

透水铺装按照面层材料不同可分为透水砖铺装、透水水泥混凝土铺装和透水沥青混凝土铺装，嵌草砖、园林铺装中的鹅卵石、碎石铺装等也属于渗透铺装。

透水铺装结构应符合《透水砖路面技术规程》(CJJ/T 188—2012)、《透水沥青路面技术规程》(CJJ/T 190—2012) 和《透水水泥混凝土路面技术规程》(CJJ/T 135—2009) 的规定。透水铺装还应满足以下要求：

① 透水铺装对道路路基强度和稳定性的潜在风险较大时，可采用半透水铺装结构；

② 土地透水能力有限时，应在透水铺装的透水基层内设置排水管或排水板；

③ 当透水铺装设置在地下室顶板上时，顶板覆土厚度不应小于600mm，并应设置排水层。

透水砖铺装典型构造如图 2-1 所示。

2.5.1.2 透水铺装的适用性

透水砖铺装和透水水泥混凝土铺装在北方地区主要适用于广

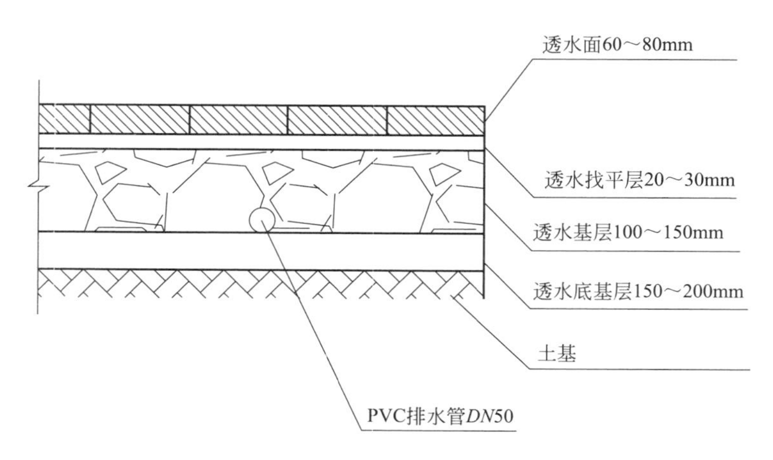

图 2-1　透水砖铺装典型结构示意

场、停车场、人行道以及车流量和荷载较小的道路，如建筑与小区道路、市政道路的非机动车道等。透水沥青混凝土路面在北方则仅适合年降雨量多、冻融较弱的地区，用于机动车道时需根据城市特点决定。

透水铺装应用于以下区域时，还应采取必要的措施防止次生灾害或地下水污染的发生：

① 可能造成陡坡坍塌、滑坡灾害的区域，湿陷性黄土、膨胀土和高含盐土等特殊土壤地质区域；

② 使用频率较高的商业停车场、汽车回收及维修点、加油站及码头等径流污染严重的区域。

2.5.1.3　透水铺装的优缺点

透水铺装施工方便，可补充地下水并具有一定的峰值流量削减和雨水净化作用。由于透水铺装空隙容易堵塞，因此对于年降雨量较少、年际不均、风沙大的北方地区需要考虑使用的范围，一般优先考虑使用透水砖铺装和透水水泥混凝土铺装。考虑北方寒冷地区有冻融破坏风险，透水路面性价比不高，需酌情慎用。

2.5.2 绿色屋顶

2.5.2.1 绿色屋顶的概念与构造

绿色屋顶也称种植屋面、屋顶绿化等，根据种植基质深度和景观复杂程度，绿色屋顶又分为简单式和花园式，基质深度根据植物需求及屋顶荷载确定，简单式绿色屋顶的基质深度一般不大于150mm，花园式绿色屋顶在种植乔木时基质深度可超过600mm，绿色屋顶的设计可参考《种植屋面工程技术规程》(JGJ 155—2013)。绿色屋顶的典型构造如图2-2所示。

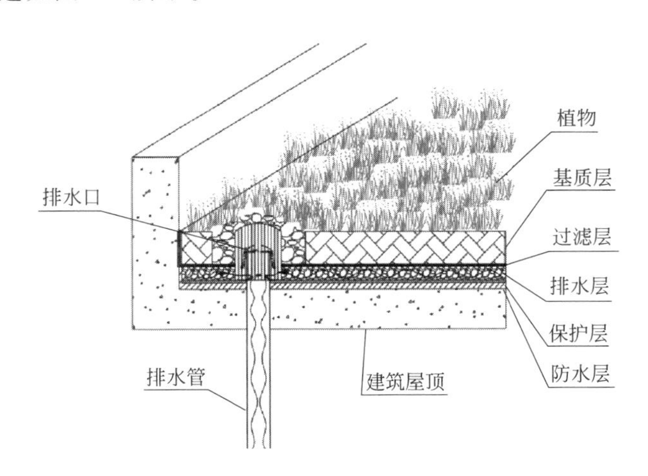

图2-2 绿色屋顶的典型构造示意

2.5.2.2 绿色屋顶的适用性

绿色屋顶适用于符合屋顶荷载、防水等条件的平屋顶建筑和坡度≤15°的坡屋顶建筑。由于冬季风大植被干枯，北方地区需考虑屋顶固土因素。

2.5.2.3 绿色屋顶的优缺点

绿色屋顶可有效减少屋面径流总量和径流污染负荷，具有节能减排的作用，但对屋顶荷载、防水、坡度、空间条件等有严格要求。

2.5.3 下沉式绿地

2.5.3.1 下沉式绿地的概念与构造

下沉式绿地具有狭义和广义之分，狭义的下沉式绿地指低于周边铺砌地面或道路在200mm以内的绿地；广义的下沉式绿地泛指具有一定的调蓄容积（在以径流总量控制为目标进行目标分解或设计计算时，不包括调节容积），且可用于调蓄和净化径流雨水的绿地，包括生物滞留设施、渗透塘、湿塘、雨水湿地、调节塘等。

狭义的下沉式绿地应满足以下要求：

① 下沉式绿地的下凹深度应根据植物耐淹性能和土壤渗透性能确定，一般为100～200mm。

② 下沉式绿地内一般应设置溢流口（如雨水口），保证暴雨时径流的溢流排放，溢流口顶部标高一般应高于绿地50～100mm。

狭义的下沉式绿地典型构造如图2-3所示。

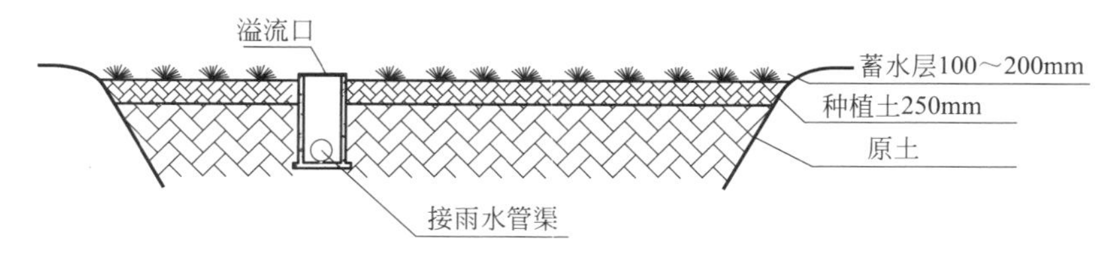

图2-3 狭义的下沉式绿地典型构造示意

2.5.3.2 下沉式绿地的适用性

下沉式绿地可广泛应用于城市建筑与小区、道路、绿地和广场内。对于径流污染严重、设施底部渗透面距离季节性最高地下水位或岩石层小于1m及距离建筑物基础小于3m（水平距离）的区域，应采取必要的措施防止次生灾害的发生。

2.5.3.3 下沉式绿地的优缺点

狭义的下沉式绿地适用区域广，其建设费用和维护费用均较低，但大面积应用时，易受地形等条件的影响，实际调蓄容积较小。

2.5.4 生物滞留设施

2.5.4.1 生物滞留设施的概念与构造

生物滞留设施指在地势较低的区域，通过植物、土壤和微生物系统蓄渗、净化径流雨水的设施。生物滞留设施分为简易型生物滞留设施和复杂型生物滞留设施，按应用位置不同又称作雨水花园、生物滞留带、高位花坛、生态树池等。

生物滞留设施应满足以下要求。

① 对于污染严重的汇水区应选用植草沟、植被缓冲带或沉淀池等对径流雨水进行预处理，去除大颗粒的污染物并减缓流速；应采取弃流、排盐等措施防止融雪剂或石油类等高浓度污染物侵害植物。

② 屋面径流雨水可由雨落管接入生物滞留设施，道路径流雨水可通过路缘石豁口进入，路缘石豁口尺寸和数量应根据道路纵坡等经计算确定。

③ 生物滞留设施应用于道路绿化带时，若道路纵坡大于1%，应设置挡水堰/台坎，以减缓流速并增加雨水渗透量；设施靠近路基部分应进行防渗处理，防止对道路路基稳定性造成影响。

④ 生物滞留设施内应设置溢流设施，可采用溢流竖管、盖箅溢流井或雨水口等，溢流设施顶一般应低于汇水面100mm。

⑤ 生物滞留设施宜分散布置且规模不宜过大，生物滞留设施面积与汇水面面积之比一般为5%～10%。

⑥ 复杂型生物滞留设施结构层外侧及底部应设置透水土工布，防止周围原土侵入。如经评估认为下渗会对周围建（构）筑物造成塌陷风险，或者拟将底部出水进行集蓄回用时，可在生物滞留设施底部和周边设置防渗膜。

⑦ 生物滞留设施的蓄水层深度应根据植物耐淹性能和土壤渗透性能来确定，一般为200～300mm，并应设100mm的超高；换土层介质类型及深度应满足出水水质要求，还应符合植物种植及园林绿化养护管理技术要求；为防止换土层介质流失，换土层底部一般设置透水土工布隔离层，也可采用厚度不小于100mm的砂层（细砂和粗砂）代替；砾石层起到排水作用，厚度一般为250～300mm，可在其底部埋置管径为100～150mm的穿孔排水管，砾石应洗净且粒径不小于穿孔管的开孔孔径；为提高生物滞留设施的调蓄作用，在穿孔管底部可增设一定厚度的砾石调蓄层。

简易型和复杂型生物滞留设施典型构造分别如图2-4、图2-5所示。

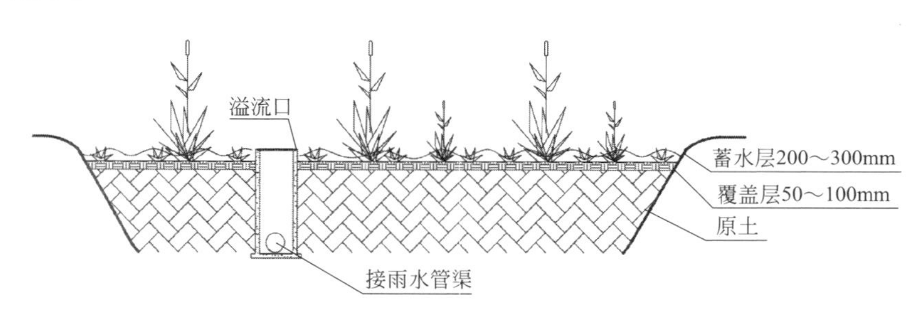

图2-4　简易型生物滞留设施典型构造示意

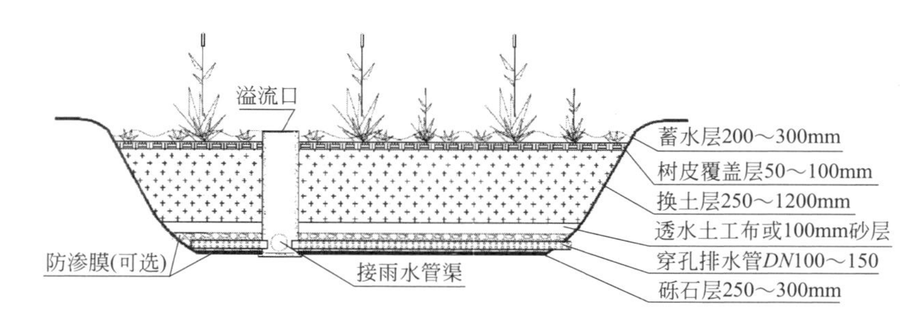

图2-5　复杂型生物滞留设施典型构造示意

2.5.4.2　生物滞留设施的适用性

生物滞留设施主要适用于建筑与小区内建筑、道路及停车场的周边绿地，以及城市道路绿化带等城市绿地内。

对于径流污染严重、设施底部渗透面距离季节性最高地下水位或岩石层小于 1m 及距离建筑物基础小于 3m（水平距离）的区域，可采用底部防渗的复杂型生物滞留设施。

2.5.4.3 生物滞留设施的优缺点

生物滞留设施形式多样、适用区域广、易与景观结合、径流控制效果好、建设费用与维护费用较低；但地下水位与岩石层较高、土壤渗透性能差、地形较陡的地区，应采取必要的换土、防渗、设置阶梯等措施避免次生灾害的发生，这将增加建设费用。

2.5.5 渗透塘

2.5.5.1 渗透塘的概念与构造

渗透塘是一种用于雨水下渗补充地下水的洼地，具有一定的净化雨水和削减峰值流量的作用。

渗透塘应满足以下要求：

① 渗透塘前应设置沉砂池、前置塘等预处理设施，去除大颗粒的污染物并减缓流速；有降雪的城市，应采取弃流、排盐等措施防止融雪剂侵害植物；

② 渗透塘边坡坡度（垂直：水平）一般不大于 1：3，塘底至溢流水位一般不小于 0.6m；

③ 渗透塘底部构造一般为 200～300mm 的种植土、透水土工布及 300～500mm 的过滤介质层；

④ 渗透塘排空时间不应大于 24h；

⑤ 渗透塘应设溢流设施，并与城市雨水管渠系统和超标雨水径流排放系统衔接，渗透塘外围应设安全防护措施和警示牌。

渗透塘典型构造如图 2-6 所示。

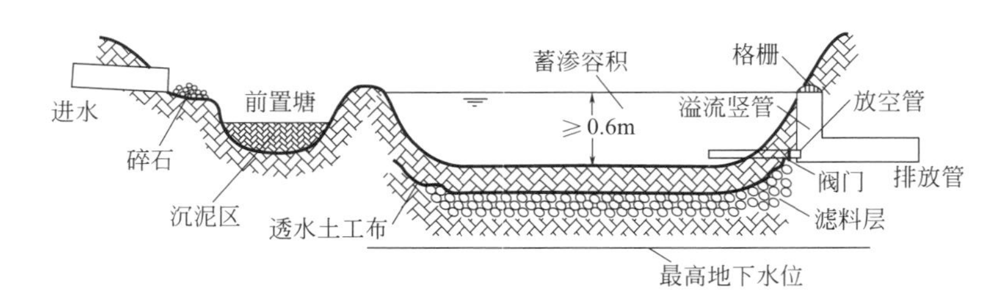

图 2-6 渗透塘典型构造示意

2.5.5.2 渗透塘的适用性

渗透塘适用于汇水面积较大（大于 $1hm^2$[1]）且具有一定空间条件的区域，但应用于径流污染严重、设施底部渗透面距离季节性最高地下水位或岩石层小于 1m 及距离建筑物基础小于 3m（水平距离）的区域时，应采取必要的措施，防止发生次生灾害。

2.5.5.3 渗透塘的优缺点

渗透塘可有效补充地下水、削减峰值流量，建设费用较低，但对场地条件要求较严格，对后期维护管理要求较高。

2.5.6 渗井

2.5.6.1 渗井的概念与构造

渗井指通过井壁和井底进行雨水下渗的设施，为增大渗透效果，可在渗井周围设置水平渗排管，并在渗排管周围铺设砾（碎）石。

渗井应满足下列要求：

① 雨水通过渗井下渗前应通过植草沟、植被缓冲带等设施对雨水进行预处理；

② 渗井的出水管的内底高程应高于进水管管内顶高程，但不应

[1] $1hm^2=10000m^2$，下同。

高于上游相邻井的出水管管内底高程。

渗井调蓄容积不足时，也可在渗井周围连接水平渗排管，形成辐射渗井。辐射渗井的典型构造如图 2-7 所示。

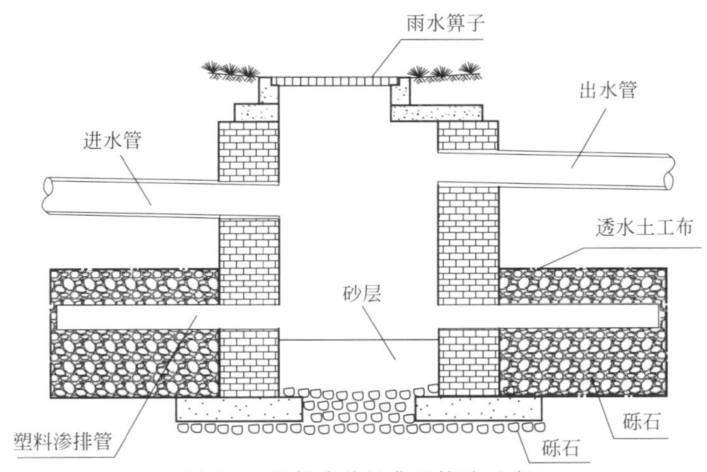

图 2-7　辐射渗井的典型构造示意

2.5.6.2　渗井的适用性

渗井主要适用于建筑与小区内建筑、道路及停车场的周边绿地内。渗井应用于径流污染严重、设施底部距离季节性最高地下水位或岩石层小于 1m 及距离建筑物基础小于 3m（水平距离）的区域时，应采取必要的措施，防止发生次生灾害。

2.5.6.3　渗井的优缺点

渗井占地面积小，建设和维护费用较低，但其水质和水量控制作用有限。

2.5.7　湿塘

2.5.7.1　湿塘的概念与构造

湿塘指具有雨水调蓄和净化功能的景观水体，雨水同时作为其主要的补水水源。湿塘有时可结合绿地、开放空间等场地条件设计为多功能调蓄水体，即平时发挥正常的景观及休闲、娱乐功能，暴雨发生时发挥调蓄功能，实现土地资源的多功能利用。

湿塘一般由进水口、前置塘、主塘、溢流出水口、护坡及驳岸、维护通道等构成。湿塘应满足以下要求。

① 进水口和溢流出水口应设置碎石、消能坎等消能设施，防止水流冲刷和侵蚀。

② 前置塘为湿塘的预处理设施，起到沉淀径流中大颗粒污染物的作用；池底一般为混凝土或块石结构，便于清淤；前置塘应设置清淤通道及防护设施，驳岸形式宜为生态软驳岸，边坡坡度（垂直：水平）一般为1：(2～8)；前置塘沉泥区容积应根据清淤周期和所汇入径流雨水的悬浮物（Suspended Solids，SS）污染物负荷确定。

③ 主塘一般包括常水位以下的永久容积和储存容积，永久容积水深一般为0.8～2.5m；储存容积一般根据所在区域相关规划提出的“单位面积控制容积”确定；具有峰值流量削减功能的湿塘还包括调节容积，调节容积应在24～48h内排空；主塘与前置塘间宜设置水生植物种植区（雨水湿地），主塘驳岸宜为生态软驳岸，边坡坡度（垂直：水平）不宜大于1：6。

④ 溢流出水口包括溢流竖管和溢洪道，排水能力应根据下游雨水管渠或超标雨水径流排放系统的排水能力确定。

⑤ 湿塘应设置护栏、警示牌等安全防护与警示措施。

湿塘的典型构造如图2-8所示。

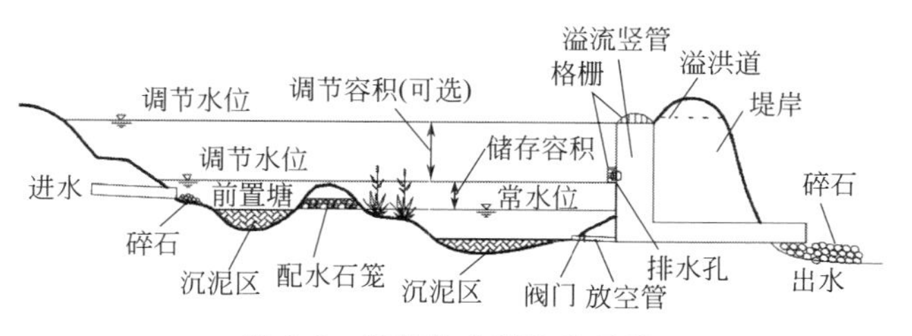

图2-8　湿塘的典型构造示意

2.5.7.2 湿塘的适用性

湿塘适用于建筑与小区、城市绿地、广场等具有空间条件的场地。

2.5.7.3 湿塘的优缺点

湿塘可有效削减较大区域的径流总量、径流污染和峰值流量，是城市内涝防治系统的重要组成部分；但对场地条件要求较严格，建设和维护费用高。

2.5.8 雨水湿地

2.5.8.1 雨水湿地的概念与构造

雨水湿地利用物理、水生植物及微生物等作用净化雨水，是一种高效的径流污染控制设施，雨水湿地分为雨水表流湿地和雨水潜流湿地，一般设计成防渗型以便维持雨水湿地植物所需要的水量，雨水湿地常与湿塘合建并设计一定的调蓄容积。

雨水湿地与湿塘的构造相似，一般由进水口、前置塘、沼泽区、出水池、溢流出水口、护坡及驳岸、维护通道等构成。

雨水湿地应满足以下要求。

① 进水口和溢流出水口应设置碎石、消能坎等消能设施，防止水流冲刷和侵蚀。

② 雨水湿地应设置前置塘对径流雨水进行预处理。

③ 沼泽区包括浅沼泽区和深沼泽区，是雨水湿地主要的净化区，其中浅沼泽区水深范围一般为 0～0.3m，深沼泽区水深范围为一般为 0.3～0.5m，根据水深不同种植不同类型的水生植物。

④ 雨水湿地的调节容积应在 24h 内排空。

⑤ 出水池主要起防止沉淀物的再悬浮和降低温度的作用，水深一般为 0.8～1.2m，出水池容积约为总容积（不含调节容积）

的 10%。

雨水湿地典型构造如图 2-9 所示。

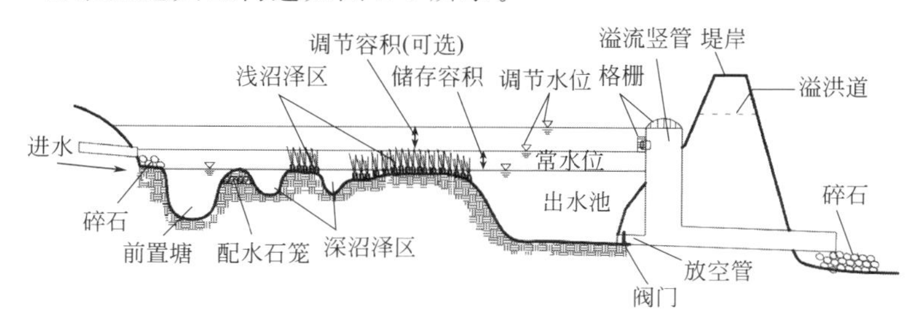

图 2-9 雨水湿地典型构造示意

2.5.8.2 雨水湿地的适用性

雨水湿地适用于具有一定空间条件的建筑与小区、城市道路、城市绿地、滨水带等区域。

2.5.8.3 雨水湿地的优缺点

雨水湿地可有效削减污染物，并具有一定的径流总量和峰值流量控制效果，但建设及维护费用较高。

2.5.9 蓄水池

2.5.9.1 蓄水池的概念与构造

蓄水池指具有雨水储存功能的集蓄利用设施，同时也具有削减峰值流量的作用，主要包括钢筋混凝土蓄水池，砖、石砌筑蓄水池及塑料蓄水模块拼装式蓄水池，用地紧张的城市大多采用地下封闭式蓄水池。蓄水池典型构造可参照国家建筑标准设计图集《雨水综合利用》(10SS705)。

2.5.9.2 蓄水池的适用性

蓄水池适用于有雨水回用需求的建筑与小区、城市绿地等，根据雨水回用用途（绿化、道路喷洒及冲厕等）不同需配建相应的雨水净化设施；不适用于无雨水回用需求和径流污染严重的地区。

2.5.9.3 蓄水池的优缺点

蓄水池具有节省占地、雨水管渠易接入、避免阳光直射、防止蚊蝇滋生、储存水量大等优点，雨水可回用于绿化灌溉、冲洗路面和车辆等，但建设费用高，后期需重视维护管理。

2.5.10 雨水罐

2.5.10.1 雨水罐的概念与构造

雨水罐也称雨水桶，为地上或地下封闭式的简易雨水集蓄利用设施，可用塑料、玻璃钢或金属等材料制成。

2.5.10.2 雨水罐的适用性

适用于单体建筑屋面雨水的收集利用。

2.5.10.3 雨水罐的优缺点

雨水罐多为成型产品，施工安装方便，便于维护，但其储存容积较小，雨水净化能力有限。

2.5.11 调节塘

2.5.11.1 调节塘的概念与构造

调节塘也称干塘，以削减峰值流量功能为主，一般由进水口、调节区、出口设施、护坡及堤岸构成，也可通过合理设计使其具有渗透功能，起到一定的补充地下水和净化雨水的作用。

调节塘应满足以下要求。

① 进水口应设置碎石、消能坎等消能设施，防止水流冲刷和侵蚀。

② 应设置前置塘对径流雨水进行预处理。

③ 调节区深度一般为 0.6～3m，塘中可以种植水生植物以减小流速、增强雨水净化效果。塘底设计成可渗透时，塘底部渗透面距离季节性最高地下水位或岩石层不应小于 1m，距离建筑物基础不应小于 3m（水平距离）。

④ 调节塘出水设施一般设计成多级出水口形式，以控制调节塘水位，增加雨水水力停留时间（一般不大于 24h），控制外排流量。

⑤ 调节塘应设置护栏、警示牌等安全防护与警示措施。

调节塘典型构造如图 2-10 所示。

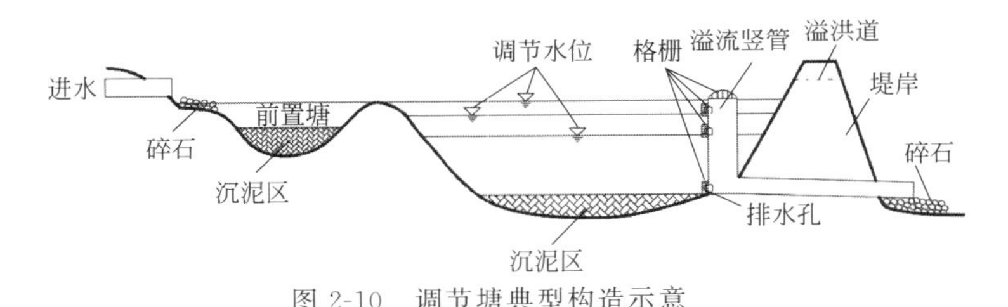

图 2-10　调节塘典型构造示意

2.5.11.2　调节塘的适用性

调节塘适用于建筑与小区、城市绿地等具有一定空间条件的区域。

2.5.11.3　调节塘的优缺点

调节塘可有效削减峰值流量，建设及维护费用较低，但其功能较为单一，宜利用下沉式公园及广场等与湿塘、雨水湿地合建，构建多功能调蓄水体。

2.5.12　调节池

2.5.12.1　调节池的概念与构造

调节池为调节设施的一种，主要用于削减雨水管渠峰值流量，一般常用溢流堰式或底部流槽式，可以是地上敞口式调节池或地下封闭式调节池，其典型构造可参见《给水排水设计手册》（第5册）[1]。

2.5.12.2 调节池的适用性

调节池适用于城市雨水管渠系统中，削减管渠峰值流量。

2.5.12.3 调节池的优缺点

调节池可有效削减峰值流量，但其功能单一，建设及维护费用较高，宜利用下沉式公园及广场等与湿塘、雨水湿地合建，构建多功能调蓄水体。

2.5.13 植草沟

2.5.13.1 植草沟的概念与构造

植草沟指种有植被的地表沟渠，可收集、输送和排放径流雨水，并具有一定的雨水净化作用，可用于衔接其他各单项设施、城市雨水管渠系统和超标雨水径流排放系统。除转输型植草沟外，还包括渗透型的干式植草沟及常有水的湿式植草沟，可分别提高径流总量和径流污染控制效果。

植草沟应满足以下要求。

① 浅沟断面形式宜采用倒抛物线形、三角形或梯形。

② 植草沟的边坡坡度（垂直∶水平）不宜大于1∶3，纵坡不应大于4%。纵坡较大时宜设置为阶梯形植草沟或在中途设置消能台坎。

③ 植草沟最大流速应小于0.8m/s，曼宁系数宜为0.2～0.3。

④ 转输型植草沟内植被高度宜控制在100～200mm。

---

[1] 北京市政工程设计研究总院. 给水排水设计手册（第5册）城镇排水［M］. 第2版. 北京：中国建筑工业出版社，2004.

转输型三角形断面植草沟的典型构造如图 2-11 所示。

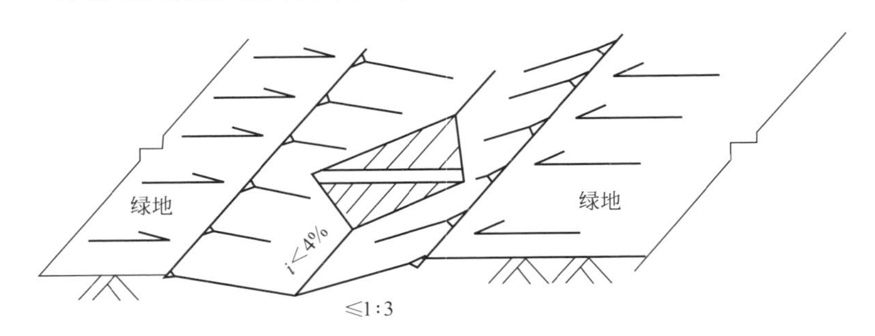

图 2-11 转输型三角形断面植草沟典型构造示意

2.5.13.2 植草沟的适用性

植草沟适用于建筑与小区内道路、广场、停车场等不透水面的周边，城市道路及城市绿地等区域也可作为生物滞留设施、湿塘等低影响开发设施的预处理设施。植草沟也可与雨水管渠联合应用，场地竖向允许且不影响安全的情况下也可代替雨水管渠。

2.5.13.3 植草沟的优缺点

植草沟具有建设及维护费用低，易与景观结合的优点，但已建城区及开发强度较大的新建城区等区域易受场地条件制约。植草沟内的植物需选用本土植物，由于北方气候特点，需考虑采用耐旱耐涝型植物。

2.5.14 渗管/渠

2.5.14.1 渗管/渠的概念与构造

渗管/渠指具有渗透功能的雨水管/渠，可采用穿孔塑料管、无砂混凝土管/渠和砾（碎）石等材料组合而成。

渗管/渠应满足以下要求。

① 渗管/渠应设置植草沟、沉淀（砂）池等预处理设施。

② 渗管/渠开孔率应控制在1%～3%之间，无砂混凝土管的孔隙率应大于20%。

③ 渗管/渠的敷设坡度应满足排水的要求。

④ 渗管/渠四周应填充砾石或其他多孔材料，砾石层外包透水土工布，土工布搭接宽度不应少于200mm。

⑤ 渗管/渠设在行车路面下时，覆土深度不应小于700mm。

渗管/渠典型构造如图2-12所示。

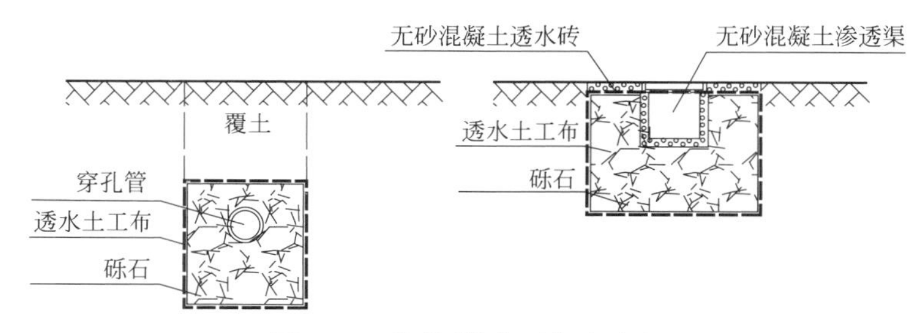

图2-12　渗管/渠典型构造示意

2.5.14.2　渗管/渠的适用性

渗管/渠适用于建筑与小区及公共绿地内转输流量较小的区域，不适用于地下水位较高、径流污染严重及易出现结构塌陷等不宜进行雨水渗透的区域（如雨水管渠位于机动车道下等）。

2.5.14.3　渗管/渠的优缺点

渗管/渠对场地空间要求小，但建设费用较高。北方气候特点造成其更易堵塞，维护较困难，需根据具体情况使用。

2.5.15　植被缓冲带

2.5.15.1　植被缓冲带的概念与构造

植被缓冲带为坡度较缓的植被区，经植被拦截及土壤下渗作用减缓地表径流流速，并去除径流中的部分污染物，植被缓冲带坡度一般为 2%～6%，宽度不宜小于 2m。植被缓冲带典型构造如图 2-13 所示。

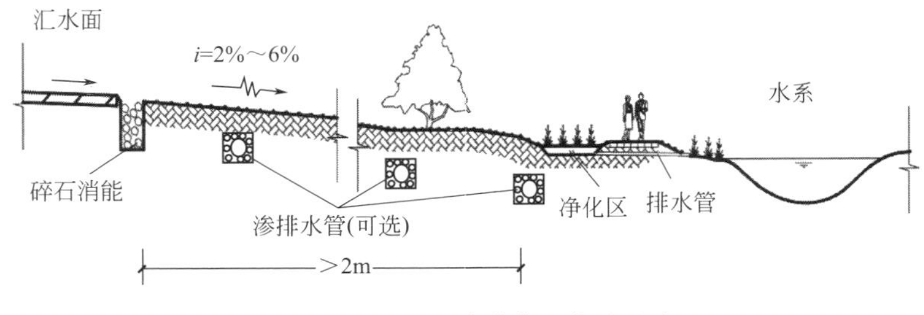

图 2-13 植被缓冲带典型构造示意

2.5.15.2 植被缓冲带的适用性

植被缓冲带适用于道路等不透水面周边，可作为生物滞留设施等低影响开发设施的预处理设施，也可作为城市水系的滨水绿化带，但坡度较大（大于 6%）时其雨水净化效果较差。

2.5.15.3 植被缓冲带的优缺点

植被缓冲带建设与维护费用低，但对场地空间大小、坡度等条件要求较高，且径流控制效果有限。

2.5.16 初期雨水弃流设施

2.5.16.1 初期雨水弃流设施的概念与构造

初期雨水弃流指通过一定方法或装置将存在初期冲刷效应、污染物浓度较高的降雨初期径流予以弃除，以降低雨水的后续处理难度。弃流雨水应进行处理，如排入市政污水管网（或雨污合流管网）由污水处理厂进行集中处理等。常见的初期弃流方法包括容积法弃流、小管弃流（水流切换法）等，弃流形式包括自控弃流、渗透弃流、弃流池、雨落管弃流等。初期雨水弃流设施的典型构造如图 2-14所示。

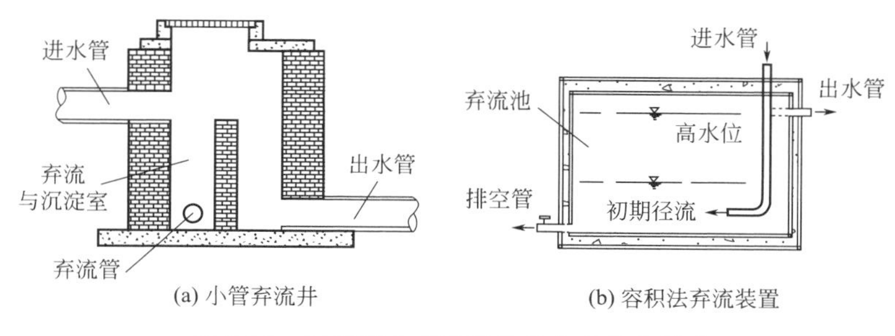

图 2-14 初期雨水弃流设施的典型构造示意

2.5.16.2 初期雨水弃流设施的适用性

初期雨水弃流设施是其他低影响开发设施的重要预处理设施，主要适用于屋面雨水的雨落管、径流雨水的集中入口等低影响开发设施的前端。

2.5.16.3 初期雨水弃流设施的优缺点

初期雨水弃流设施占地面积小，建设费用低，可降低雨水储存及雨水净化设施的维护管理费用，但径流污染物弃流量一般不易控制。北方地区冬季由于融雪剂的使用，使融化的雪水具有污染性，因此对于使用融雪剂后雪水的弃流设施则不仅仅是初期弃流，而是整个冬季的雪水弃流，需要考虑雪水如何进入污水系统的设置。

2.5.17 人工土壤渗滤

2.5.17.1 人工土壤渗滤的概念与构造

人工土壤渗滤主要作为蓄水池等雨水储存设施的配套雨水设施，以达到回用水水质指标。人工土壤渗滤设施的典型构造可参照复杂型生物滞留设施。

2.5.17.2 人工土壤渗滤的适用性

人工土壤渗滤适用于有一定场地空间的建筑与小区及城市绿地。

2.5.17.3 人工土壤渗滤的优缺点

人工土壤渗滤雨水净化效果好，易与景观结合，但建设费用较高。

2.6 北方地区海绵城市实例

2.6.1 海绵试点城市介绍——白城

白城市是我国海绵城市 2015 年第一批试点城市中唯一的一个北方严寒地区城市，其建设对我国北方严寒地区的海绵城市推广具有一定的借鉴意义。

白城市是吉林省西北部重要城市，位于嫩江平原西部，科尔沁草原东部，总面积 2.6 万平方公里。白城市生态资源十分丰富，人均耕地、草原、宜林地、水面、芦苇面积都居吉林省首位，但气候问题是白城生态建设的瓶颈。白城市地处大兴安岭平原区，属温带大陆性季风气候。冬长夏短，雨热同期，光照充足。春季干燥，十年九旱，夏季炎热多雨，秋季凉爽短暂，冬季雨雪较少。年平均降水量为 399.9mm，主要集中在夏季。由于降水变率大，旱多涝少，水资源的缺乏让白城的自然环境十分脆弱。

白城市借助海绵城市试点的机会，进行了海绵城市建设（老城区综合提升改造），这是白城市建市以来规模最大、投资最多、设计标准最高的城市基本建设。白城市老城区海绵连片街区见图 2-15。白城市海绵城市建设暨老城改造总投资 68 亿元，包括 16 大类，469 项工程，共 $38km^2$，改造面积占建成区面积近 90%的老城区综合提升改造工程。改造其工程量和工作量相当于过去城市基础设施建设的总和。白城市自海绵城市建设以来先后出台了多个政策和方案办法，如《白城市海绵城市建设（老城区综合提升改造）实施方案》《白城市海绵城市规划建设管理办法（试行）》等 20 多个方案和办法，完善了白城市海绵城市建设的操作体系。工程建设 2 年时间以来，48 条街路改造完成，28 家临街单位“拆墙透绿”，拆除违建 18 万平方米，城区范围内新建的大批人工湿地、水塘、人工湖，与城市绿地率的大幅提高，使白城市具备了防旱防涝的海绵功能。

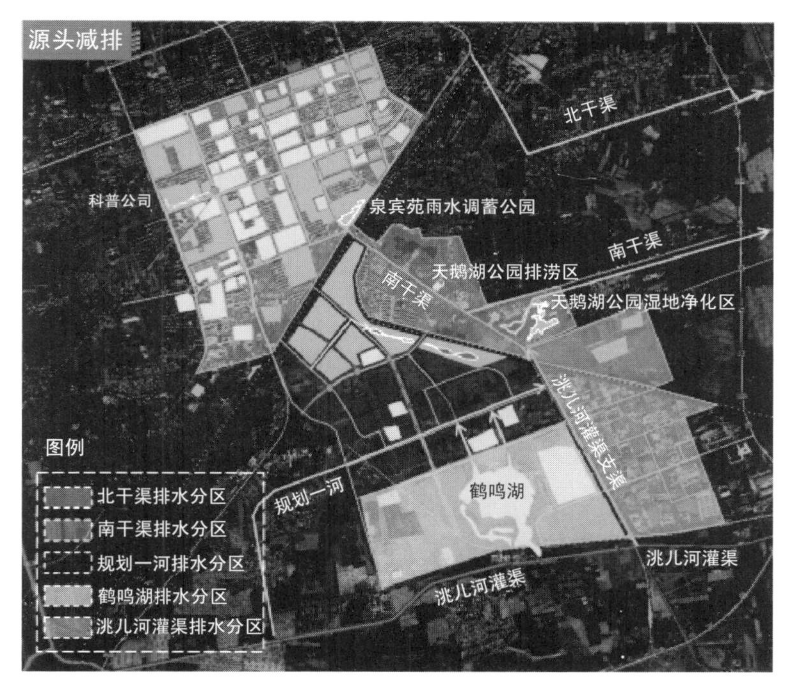

图 2-15　白城市老城区海绵连片街区

（图片来源：白城市住房和城乡建设局网站）

白城市以北方严寒缺水地区的自然环境作为基础，采用海绵城市建设的理念和方式，科学构建人水和谐的城市水生态系统，融合老城区改造和管廊更新，为北方寒冷缺水地区海绵城市的建设提供了经验模式。依据城市总体规划，白城市专门编制了海绵城市专项规划，明确了建设目标、布局、内容，对源头径流控制、城市排水管渠、超标雨水径流排放作了系统性规划。

白城市海绵城市建设提出“白城模式”的核心是“以人为本、因地制宜、战天斗地、创新发展”。

2.6.1.1 一条服务宗旨——以人为本

海绵城市建设国家战略的推行，旨在“修复城市水生态、涵养水资源，增强城市防涝能力，扩大公共产品有效投资，提高新型城镇化质量，促进人与自然和谐发展”。白城市作为海绵城市建设试点，从一开始便将海绵城市与旧城改造融合在一起，打造民生工程。白城市没有把海绵城市建设当成具体的工程技术或措施，为海绵而海绵，而是为城市、为市民做最实际的事。

2.6.1.2 一个总体原则——因地制宜

白城市耗资上千万元选择专家团队合作，随着工程建设的推进，白城市海绵城市建设管理团队发现，不少项目采取的技术措施和项目本身的定位同当地实际情况相去甚远，有的甚至是背道而驰。白城市不计压力，从规划源头重新论证，将所有方案均与本地客观实际结合，提出因地制宜的新方案推行建设。白城市对专家或技术咨询团队，相信而不迷信，但绝不盲从。相信专业的能力水平，尊重科学论证和有数据支撑的解决方案，但方案应因地制宜符合实际。经受过挫折考验的白城市海绵城市建设的这个原则更值得推广。

2.6.1.3 一个基本前提——战天斗地

白城市的无霜期年平均为144天，初霜日平均为9月27日。对白城市海绵城市建设而言，一年只有144天能用来施工建设。白城市作为试点城市，3年考核期的建设时间直接缩短了一半，这是与“天”战斗，争取时间。白城市地下水比较丰富，含水层一般厚5～10m，深1～40m左右，含水层岩性大部分为砂砾石，透水性很强。但是对于年降雨量400mm的城市，强透水性的砂砾石土壤很难留住雨水。白城市自从1998年洪水后连年干旱少雨，8条主要河流其中7

条连续12年断流，700多个泡塘仅余57个有水，而且水量十分有限。因此，白城市海绵城市建设要达成“有效控制雨水径流，实现自然积存、自然渗透、自然净化的城市发展方式”的目标，就必须“与地斗”，留住雨水，做好水资源利用。

2.6.1.4 一种投融资模式——PPP模式

白城市在项目招投标过程中，一改过去业界常态，变“坐等招标”为“主动出击”，走出去推介推荐项目。选派专业人员，上门宣传白城市海绵城市建设PPP项目，以新闻发布会形式召开了白城市海绵城市建设PPP项目招商推介会，最终确定了10家企业资格入围。与此同时，白城市在不违反相关政策的前提下，开标前就陆续与通过入围资格审查的10家企业进行预对接，提前安排具体施工计划、施工队伍、设备。此举旨在企业中标后能尽快进场施工，节省时间、提高效率。

白城市在海绵城市建设PPP项目招商方面的主动出击，无疑是为我国的海绵城市建设投融资模式提供了一种全新的模式。白城市制定了《白城市海绵城市建设PPP项目绩效考核办法》，实行打分制度，从项目设施可用性和项目实施效果进行考核。通过绩效考核督促社会资本在项目合作期积极切实开展运维工作，达到理想项目效果。

2.6.1.5 一根“指挥棒”——组织保障

海绵城市建设中，地方人民政府是重要的责任主体，需要将指导意见和规划理念具体落实到真正的城市建设中。海绵城市建设中不仅需要从规划、建筑到园林景观，从道路、市政到水文等多个专业领域统筹设计，更需要城市主管规划、城建、水利、交通、园林、环保等各部门的共同参与、相互协作。白城市成立了海绵城市建设领导小组、指挥部、办公室三个层级的竖向体系，全面负责各项工程建设任务。采取“11+1”工作模式推进（即1个综合协调办公室和11个专项工作组），具体负责组织海绵城市建设项目推进工作。白城市将海绵城市建设任务按属地管理原则分解落实到各区，将建设指导和督促配合工作按职责分工落实到市级相关部门，有效地解决了部门和属地之间责权的问题。

白城市出台了适合本地高寒地区的相关导则和图集，为建设标准提供了依据，并建立了一套完整的保障制度和标准。从组织实效保障上，为白城市的海绵城市助力护航。

2.6.1.6 一种精神追求——可持续发展

白城市在海绵城市建设推广中，注重可持续发展，不走普通城市建设的老路，在建设中发展了不少新技术、新工艺、新材料，为北方寒冷地区的海绵城市发展提供了宝贵经验。

在初期建设时，白城市将小区内部超过下沉式绿地、雨水花园滞蓄能力的超标雨水直接排入大量建设的市政管网，但作为降雨量缺少的缺水型城市，超标雨水排放后水资源又造成大量浪费。因此在大量调研的基础上，白城市结合当地的地质构造和雨水情况，对传统渗井进行改良，成为白城市创新的当地绿色设施。该渗井在传统基础上，在渗井上层安装过滤碎石网兜，增加上层透水性，下层透水层填充炭渣、砂砾石，井壁与填充料之间设置反滤层，让净化后的雨水直接排入地下补给地下水，减少了水资源的浪费和流失。

白城市海绵型道路利用抗冻融透水人行道和融雪剂自动渗滤弃流生物滞留带技术，解决道路中小降雨径流滞蓄和超标雨水的排放问题。创新设计的“组合树池”以自然方式有效解决了马路雨水的面源污染问题。

白城市大量运用当地材料——砂砾，作为生态设施边坡的覆盖层防冲刷材料。培育本地苗圃基地，选择本土植物。将炉渣变废为宝，作为雨水渗滤设施重要的净化材料。

白城市在生态新区通过建设了多功能调蓄水体与道路径流行泄通道，构建了完整的城市排涝除险工程体系，并通过周边地块竖向管控，实现片区整体达到内涝防治标准，为全国打造排涝除险工程样板。

2.6.2 海绵试点城市介绍——济南

济南市是我国海绵城市2015年第一批试点城市中北方寒冷地区的代表城市，其建设对我国北方地区的海绵城市推广具有一定的借鉴意义。

济南市是山东省的省会，坐落于山东省中西部，城市南依泰山，北跨黄河，形成独特的地形地质构造——为一平缓的单斜构造，南北高差达500多米。济南市域面积8177km^2，主城区建成区面积383km^2，人口约400万。市区的地势南高北低，使地表水和地下水向由南向北城区汇集，并形成众多涌泉。济南属于温带季风气候，四季分明，春季少雨干旱，夏季多雨温热，秋季干燥凉爽，冬季少雪寒冷。年平均降水量685mm，80%集中在5～9月。由于济南三面环山的地形关系，水汽和热空气不易扩散容易回流聚集，因此济南比一般北方城市的夏季降水量要高。

(1) 济南的水环境问题

济南市面临的水环境问题主要有泉水枯竭、内涝频发、水源不足、水质污染等问题。

① 济南别称“泉城”，因境内泉水众多，拥有“七十二名泉”而著称，素有“四面荷花三面柳，一城山色半城湖”的美誉，是拥有“山、泉、湖、河、城”独特风貌的旅游城市。由于为保持泉水的常年喷涌，济南限制开采地下水，生活水源为地表水，因此保泉与供水形成突出矛盾。而由于泉水补给区城市硬化面积累年增加，降雨下渗条件变差，泉域地下水的补给量不足导致泉水面临停喷的危机。

② 城市发展中下垫面硬化率越来越高，市内雨水排放主要依靠灰色市政雨水管线。由于排水管线设计标准不高，市内暴雨时积水易

涝区域有20余处。

③ 济南人均水资源占有量仅为全国人均水资源占有量的1/7，是典型的资源型缺水城市。城市水源地黄河位于城市的西北方向，由于保泉不可开采地下水，城市东部水资源不足。城市逐渐向南侧扩张，城市硬化下垫面导致雨水下渗不足，地下水补给不够。

④ 济南主城区雨水径流污染严重，降雨过后河道污染物浓度显著上升，径流污染成为影响河道水质的主要因素。老城区有150多千米雨污合流管渠，约占全市排水管线10%，在汛期暴雨时出现污水溢流入河，对于河道水环境造成严重污染。

(2) 济南的海绵城市体系系统

由于济南城区南北高差大东西平缓的地理特征，为解决以上的水环境问题，济南市借助成为海绵城市试点的机会进行城市系统改造，并提出了山地平原复合型的低影响开发系统。根据海绵城市的发展规划将以大明湖兴隆片区为试点区，以玉符河、济西湿地片区为推广区，投资148.75亿元实施63个项目，统筹推动城市水系统、园林绿化系统、城市道路系统、建筑小区系统、能力建设系统五大系统建设。

① 城市水系统建设　济南通过对玉绣河、兴济河和历阳湖等河湖综合治理工程，建设蓄水坝、谷坊、涵闸、生态缓坡、湿地公园等，提高城市河道的渗滞净蓄功能，对地下水的补充和暴雨容蓄具有重大意义。对示范区内分散式污水处理设施进行提升改造，对大明湖及护城河加大雨污分流改造力度，实现污水全收集、全处理，进行水质保护工程。

实施河道清淤工程，增加河道排放能力；加强污水处理设施建设，改善河道水质，提升河道水体景观。实施地表水转换地下水工程，实现泉水再观再用；推进“五库联通”工程建设，建立城市河道补水长效机制。

② 园林绿化系统建设　济南推进英雄山、千佛山、泉城公园等公园景区提升工程，建设下沉式绿地和植草沟，实施透水生态铺装，

在充分利用原有景观水面汇水调蓄功能的基础上，补充设置生态驳岸、植被缓冲带、生态浮岛等雨水调蓄设施提升公园绿地汇聚雨水、蓄洪排涝、补充地下水等功能。

实施佛慧山、卧虎山等生态涵养区建设，多层次加强山体植树绿化，丰富山体植被，涵养水源，并依托山体地势合理设置鱼鳞坑、拦水坝、蓄水池等雨水收集、拦蓄及利用设施，增强山体公园雨水渗、蓄、用功能。实施街头绿地、游园和道路等绿地改造提升工程，增加乔灌木栽植量，丰富植物配置，完善景观设置，建设下沉式绿地和植草沟，提升透水铺装比率，合理设置雨水蓄水池等设施，提高绿地渗、蓄水等功能。

③ 城市道路系统建设　在城市道路系统建设方面，济南市将城市道路作为径流及其污染物产生的主要场所之一，从道路规划、设计到施工均落实低影响开发理念及控制目标。实施人行道、附属停车场及广场透水铺装，建设下沉式绿地、生态树池及雨水调蓄池等，最大限度地发挥道路集水功能，蓄积雨水用于道路浇洒及绿化等。

④ 建筑小区系统建设　试点区域将海绵城市建设要求纳入城市规划建设管控环节，在建与既有建筑小区要因地制宜进行适当改造，试点片区的既有与在建建筑小区要建设下沉式绿地、可渗透路面、绿色屋顶及透水性停车场等，并合理增设雨水桶和雨水调蓄池等雨水收集调蓄设施，对地面径流有组织地进行汇集与输送，采取截污等预处理措施后引入原有或新建绿地渗透、调蓄，将蓄积雨水用于小区内绿化浇灌等。试点区域内新规划项目纳入海绵城市建设指标，实施全过程规划控制，原则上新建小区内道路和广场的透水铺装率不小于70%；硬化面积在2000m^2以上的区域，应配建调蓄池、景观水体等雨水调蓄设施，增加绿色屋顶、雨水花园、高位花坛、生态树池等生物滞留设施。

(3) 在海绵城市试点区域设计中济南的城市特色明显

① 构建具有地域特点的三级海绵城市体系。以山体、水库、河

流为生态本底，构建空间生态安全的“大海绵”体系；从防洪排涝、水污染治理、水资源等方面，提出各项设施规划，构建水安全保障度高、水环境质量提升、水资源丰盈的“中海绵”体系；落实低影响开发建设理念，源头削减雨水径流量、提出地块控制指标，构建具备恢复自然水文循环功能的“小海绵”体系，通过分层级的海绵城市体系，落实试点区域海绵城市建设要求。

② 统筹设施安排化解涉水难题。对水资源、水安全、水环境、水生态体系进行全面系统的规划，在已建城区因地制宜、统筹灰色设施和绿色设施建设，破解内涝积水、道路行洪、河道硬化等重点难点问题；在新建城区提出满足海绵城市目标要求的分类用地建设指引，科学引导新建项目建设，保持建设前后地表水文特征不变。

③ 分解落实地块海绵城市指标。按照海绵城市建设试点要求，分配海绵城市控制目标和指标到各个地块，将有重要影响作用的指标确定为强制性指标，保障在项目建设中实施。

④ 根据海绵城市规划，济南市在2020年全市年径流总量控制率达到70%，年控制径流总量达到951万立方米，实现促渗保泉、洪涝控制、资源回用、污染控制四大目标，基本建成具有自然积存、自然渗透、自然净化功能的海绵城市。

3 大连市庄河示范区海绵城市建设分析

3.1 城市概况与上位规划

3.1.1 城市概况分析

3.1.1.1 地理位置

大连市是我国第二批海绵城市试点城市。庄河市作为大连主管下辖市是大连海绵城市建设的主要示范城区。本书分析的庄河市生态休闲养老示范区位于庄河新区，为海绵城市建设主要示范区域。

庄河市生态休闲养老示范区即庄河海绵城市第五分区（后文简称示范区）位于庄河市东南角，北至建设大街，南靠黄海，西临庄河湾（鲍码河、庄河、热水河三河交汇处），东接滨海路，与庄河中央商务区隔河相望，区域优势良好。区内地势平坦，基地东北部有三座约40m高的小山，区位条件优越。建设大街和滨海路连接市区和该区。滨海路已经建成，建设大街主桥工程已经完成。示范区内部现状道路主要为建设大街东段和鲍码河东岸大坝路，外环路南段及区内环路等已建成路基，面积约224.18hm^2，用地范围详见图3-1，示范区的汇

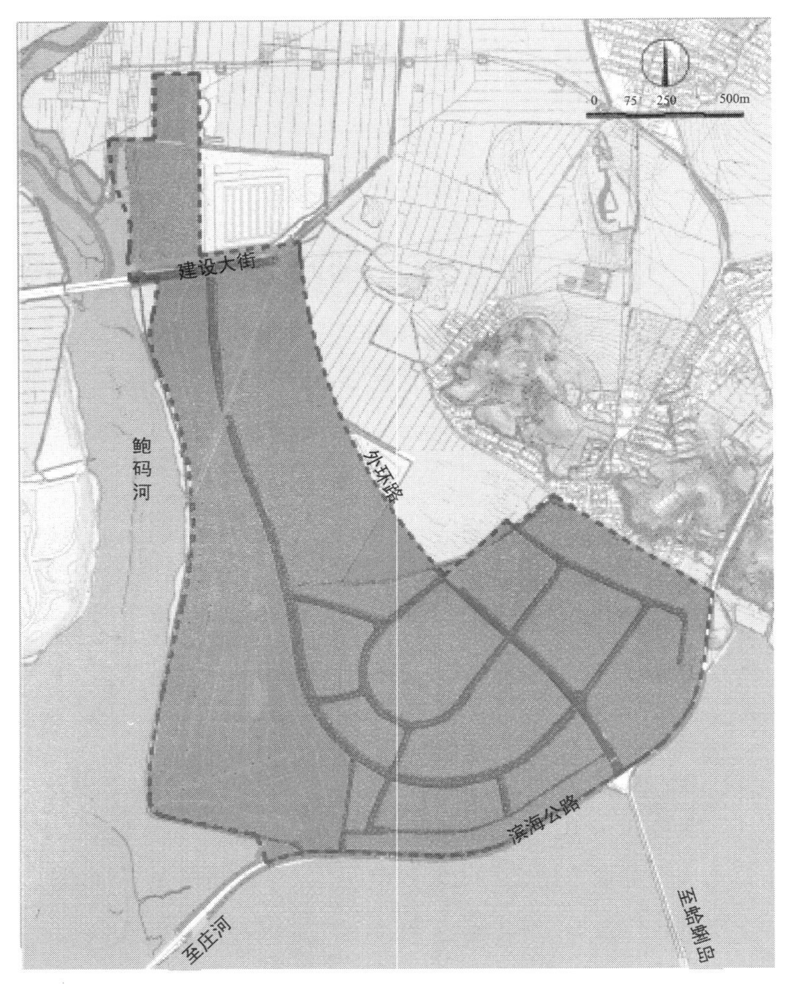

图 3-1 示范区用地范围图

水分区根据地形关系划分详见图 3-2。

3.1.1.2 地形地貌

庄河市为低山丘陵区，属千山山脉南延部分，地势由南向北逐次升高。全市地貌特征可概括为“五山一水四分平地”。北部群山逶迤，峰峦重叠，平均海拔在 500m 以上，其中步云山最高海拔 1130.7m，为辽南群山之首。中部丘陵起伏，海拔在 200～500m 之间，溪流、峡谷、盆地、

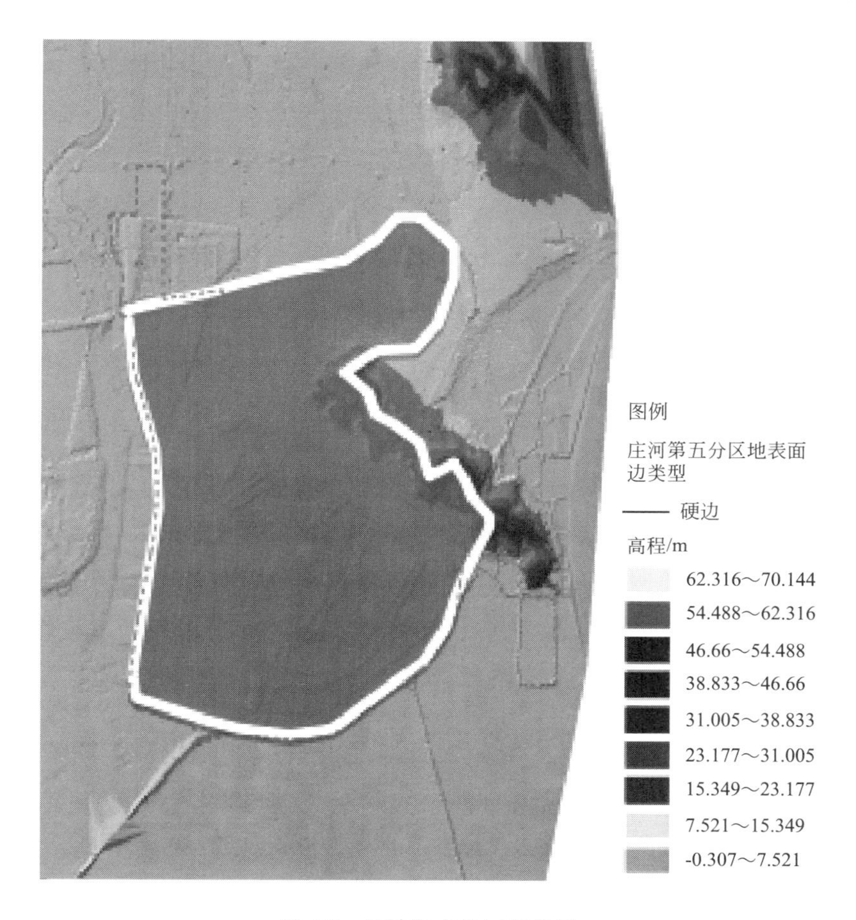

图 3-2 区域汇水分区划分图

小平原间杂分布其间。南部沿海地势平坦宽阔，海拔在 50m 以下。

示范区属于填海造地区域，内部高程在－0.307～12m 之间，高程变化不大，目前现状高程北部偏低，需要进行土地重新平整，以确保示范区内的汇水分区合理组织。

3.1.1.3 工程地质

(1) 地质

庄河地区大地构造位置属阴山—天山复杂构造带的东端南部边缘

和新华夏构造第二个一级隆起带的中段交接复合部位。根据各种构造形边的性质、展布及其相应关系，可分为东西向构造体系、南北向构造体系、新华夏或华夏构造体系、北西向构造体系。出露地层主要有太古界、元古界、古生界、中生界和新生界等。岩石种类主要有岩浆岩、沉积岩、变质岩等。

（2）地震

庄河地区区域的构造位置位于华北断块新华夏系辽东隆起的东侧，地质构造复杂，断裂发育，新构造运动强烈，小震活动频繁，是辽东半岛地震危险区之一。本地区紧邻全国23个地震带之一的郯庐地震带，该地震带沿郯庐断裂展布（穿过渤海的部分称为营潍断裂），地质构造复杂，是中国东部最大、地震活动最活跃的地震带。在中国地震动参数区划图中庄河处于高烈度地区的六度区。

（3）土壤

庄河地区土壤分为棕壤土、草甸土、水稻土、盐土、风沙土5个土类，10个亚类，41个土属，123个土种。由于庄河市处于温带湿润季风气候区，是针、阔叶林混交的生物气候带，而棕壤土类是与这种条件相吻合的地带性土壤，主要分布在低山、丘陵及漫岗地带，沿海平面内的残丘、岗地和阶地的顶部、斜坡上。

草甸土类，分布在河谷冲积平原和沿海平地上，是在特殊的土壤水分条件强烈影响下，以草甸化为主导的成图过程所形成的半水成的隐域性土壤。水稻土类是在人为因素强烈作用下，改变原来的成土过程而形成的，是通过人为的水耕熟化，逐渐发育成水稻土。分布在水源充足的坡脚平原、平原、沿海等地。

风沙土类，受风力作用，把原来的沙土进行搬动，形成各种沙丘和风沙土，主要分布在河流两岸的边缘。盐土的独特成土过程是盐渍化过程，它是在一定的退海部分和高度矿化的地下水影响下，而发育形成的隐域性土壤。

1994 年辽宁地质海上工程勘察院的钻探资料显示，地基土自上而下分为全新世海相淤泥质土和软黏性土、黄褐色亚黏土、砖红色亚黏土、基岩。从地基土的土层结构及岩性看，水域地质条件良好，整个地基土不存在受震而产生液化的可能性；下部土层强度稳定，不存在软弱层次和产生滑动的因素。目前区内出露岩性以花岗岩、闪长岩、混合花岗岩为主，局部为辽河群变质岩。

示范区内土壤以棕壤土类为主。根据区域内各土层的渗透试验，土壤渗透性较为良好，土壤渗透系数 $10^{-7}\sim10^{-5}$m/s，满足《建筑与小区雨水利用工程技术规范》(GB 50400—2006) 的要求。

3.1.1.4 气候水文

(1) 气象特征

庄河地区处于黄海海岸，降雨受海洋季风和台风气候影响较大，形成了明显的季节性和季风性降雨。历史资料显示，庄河历年(1970～2000 年 30 年间，下同) 平均气温为 9.1℃，最高气温 36.6℃，最低气温－29.3℃。年平均气温西南部高，西北部、北部较低。全区四季气温差异明显，夏季平均气温 22℃，冬季平均气温－8.1℃，春秋两季平均气温分别为 11.9℃和 14.8℃。受山地和海洋影响，南北气温相差 1～2℃。由于处于东亚季风区，盛行风向随季节转换而有明显变化，冬季受亚洲大陆蒙古冷高压影响，盛行偏北风；夏季由于印度洋热低压和北太平洋热高压强大，盛行偏南风。历年平均日照为 2415.6h，日照充足，日照率 56%左右；降水量在时间和空间上分布不均，历年平均降水量为 736mm。7、8 月降水量占全年降水的 56%，受地形和季风影响，降水量自西南向东北递增。历年无霜期平均为 165 天。

由于庄河市地处东北丘陵山区，受山脉地形、洋流和温带湿润季风气候区气候的影响，其降水在时空分布上主要呈现年际、时程分配不均，地域分配差异较大的规律。

① 降水量年际分布极不均匀，形成春旱夏涝的特点。庄河1981～2010年的降雨数据记录显示，最大年降水量在1094.4mm（1985年），最小年降水量为441.7mm左右（2000年），庄河市降水量呈现年际分配极不均匀的特点。

② 降水量时程分布极不均匀。庄河市每年的5～9月是雨季，占全年降雨量75%以上。

③ 降水量空间分布呈东部偏大、西部偏小态势。

(2) 潮位特征

根据庄河电厂验潮站1997年8月1日～1998年7月31日一整年以及庄河新港临时验潮站冬季42天资料计算的潮汐型态系数 K 分别为0.35和0.34，本海区为规则半日潮。本海区存在一天内两个高潮两个低潮，潮高明显不等，即潮汐存在明显的潮高不等的现象。庄河海潮基准面关系如图3-3所示。

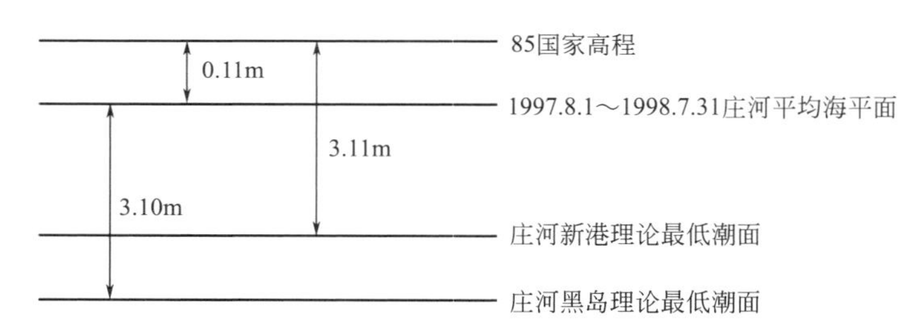

图3-3 庄河海潮基准面关系

设计水位（1985国家高程基准）：设计高水位2.46m；设计低水位－2.70m；极端高水位3.14m（50年重现期）；极端低水位－4.94m（50年重现期）；100年一遇极值高水位3.95m（100年重现期）；100年一遇极值低水位－5.49m（100年重现期）。

庄河市潮位统计资料如表3-1所列。

3.1.1.5 现状土地利用

示范区内主要为农林用地、非建设用地和少部分的水域，用地现状详见表3-2。

表 3-1 庄河市潮位统计资料

站位	楼上	庄河新港	石城东	石城西	黄圈码头
6.42 最高潮位/m	6.42	6.13	6.23	6.05	6.8
最低潮位/m	−0.06	0.01	0.09	0.16	−0.47
平均高潮位/m	5.06	4.89	5	4.93	5.03
平均低潮位/m	1.14	1.21	1.19	1.27	1.02
平均海平面/m	3.17	3.13	3.17	3.17	3.1
最大潮差/m	5.95	5.60	5.59	5.36	6.38
最小潮差/m	1.73	1.68	1.64	1.58	1.68
平均潮差/m	3.93	3.69	3.81	3.67	4.01
涨潮平均历时/(h:min)	5:56	5:57	5:59	5:56	06:04
落潮平均历时/(h:min)	6:27	6:27	6:25	6:29	06:21
资料时段	2010.11.5～12.16		2010.11.5～11.16		1997.8.1～1998.7.31

表 3-2 用地现状汇总表

用地代码	用地名称	面积/ha
S1	道路用地	19.32
E1	水域	7.36
E2	农林用地	79.24
E9	其他非建设用地	118.26
总用地		224.18

3.1.1.6 现状人口

示范区内无现状人口。示范区东北方向小山头周边有农村居民点，是典型的北方村庄形式，平房带小院子，居住密度很低，土地利用方式粗放。

3.1.2 相关规划概述

3.1.2.1 总体规划

庄河市现行总体规划《庄河市城市总体规划（2009～2030）》于2011年11月经辽宁省政府批复。自实施以来，对庄河市的社会经济发展和城市的有序建设，起到了积极的促进和引导作用。

随着2013年《大连港庄河港区规划》和《大连庄河日本产业园区总体发展规划》的批复，现行的总体规划已满足不了庄河未来的城市发展需求。在2015年7月，《庄河市城市总体规划（2009～2030）实施评估报告》通过辽宁省建设厅批准，同意修编总体规划，修编后的总体规划加强了城市发展规模、建设用地指标、区域交通条件、港城发展联动、临港产业协调等方面研究，突出新型城镇化、多规融合、存量规划、城市增长边界控制等方面内容。

海绵城市建设中庄河在总体规划层面，首先是在规划前期对各种相关资料的收集整理分析，结合现状调研，开展对城市各要素的专题研究。如对城市水环境、生态保护、产业发展等的专题研究；区域生态环境、经济社会发展等的专题研究；生态城市、智慧城市等的专题研究。在开展专题研究的基础上对城市水资源承载力进行评估，依据自然现状条件，确定城市的发展目标和方向，明确城市在区域发展中的主要职能和性质，确定城市规划范围等。依据对城市的定位，确定城市低影响开发设施原则、策略和要求，明确城市雨水总体控制目标等。通过城市道路、绿地、水系、竖向等相关专项规划的协调，落实海绵城市建设要求，划定城市蓝线、绿线，确定海绵城市建设区域，指导低影响开发设施的空间布局、控制目标的制定等。最后，确定城市用地布局和规划结构等，以水系或绿道为构架组织城市的空间结构和功能分区，明确城市的用地性质和重大设施的布局，同时对海绵城市的规划管控、建设时序等做出要求。城市的总体规划还统筹了流域综合开发和治理，处理城市小排水系统和河流大排水系统、城市点源污染和流域面源污染的关系，确保庄河城市水安全，从根本上解决城市上下游洪涝、污染问题。尊重自然规律，修复城市原有湿地、河流、绿地等生态系统，渗、滞、蓄、排结合，进而实现城市的生态排水。

3.1.2.2 庄河市生态休闲养老示范区（第五片区）控制性详细规划

庄河市生态休闲养老示范区控制性详细规划（见图 3-4）将示范区的总体结构规划为“一心、两轴、五片区”。

（1）一心：养老综合服务中心

以中央公园、敬老院、医疗功能为聚集的片区核心，为本片区提供专业、全面的养老服务配套设施。

（2）两轴：半环功能轴、向海发展轴

① 半环形组团商业服务轴，穿过养老综合服务中心，串联各养老社区，向周边居住用地提供商业、教育、医疗等服务。

② 向海发展轴，这条轴线沿线布置片区主要的公服设施，提供文化、娱乐、康体、商业、商务等功能，同时，也是山景直达海景的景观通廊。

（3）五片区：结合养老养生的功能，规划五大居住片区，打造专业的生态养老示范区

在控制性详细规划层面，根据地块的地质地貌、用地性质、竖向条件及给排水管网等划分汇水分区。通过对地块的开发强度评估，确定地块低影响开发策略、原则等，优化用地布局，细分用地性质，为地块配置市政、公共设施等。然后以汇水分区为单元确定地块的雨水控制目标和具体指标，确定地块的单位面积控制容积率、下沉式绿地率等。根据雨水控制要求确定地块的建设控制指标，如地块的容积率、绿地率、建筑密度以及低影响开发设施的规模和总体布局。最终提出地块的城市设计引导，对地块内的建筑体量、建筑围合空间及其附属硬化面积等做出相关规定。

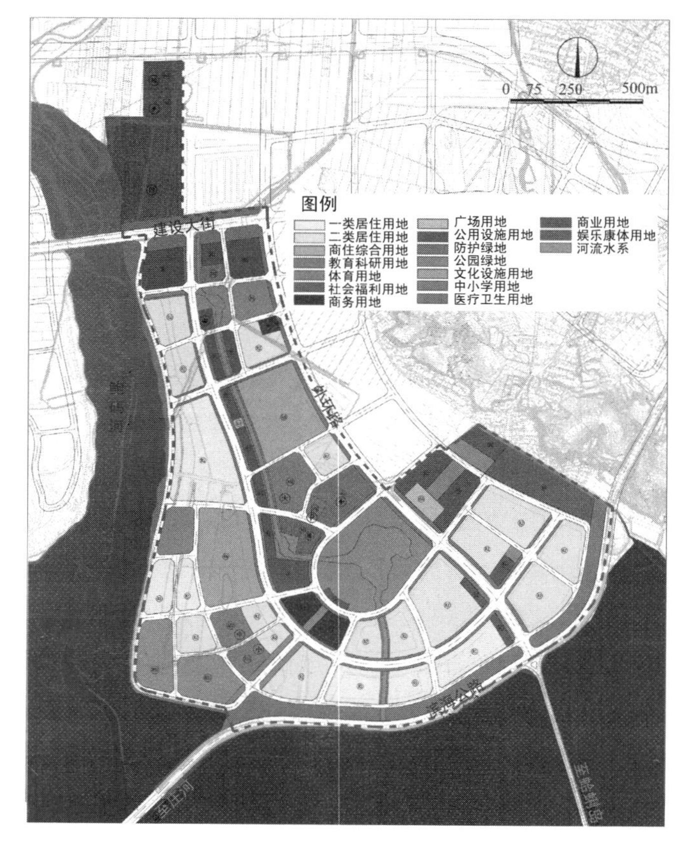

图 3-4 示范区用地规划图

3.1.2.3 大连庄河市海绵城市专项规划

专项规划保持与城市总体规划确定的庄河中心城区规划范围一致，2030 年中心城区规划面积 189.9km²。近期建设区规划范围 24.7km²，其中海绵城市建设示范区规划范围 21.8km² 和示范区外三条河道规划范围 2.9km²；近期建设区内的建设用地面积约 16.3km²。到 2020 年，城市建成区 20%以上面积应达到海绵城市建设要求，到 2030 年，城市建成区 80%以上面积达到海绵城市建设要求，规划指标体系框架从水生态、水环境、水资源、水安全、水文化五方面进行构建。

3.2 海绵城市建设基础条件分析

3.2.1 基础条件

3.2.1.1 降雨规律

庄河地区多年平均面雨量为736mm，最大月雨量一般出现在7、8月份，曾高达4904mm；最小月雨量一般出现在12月和1月，记录出现过0mm。汛期主要为7～9月，平均降水量为736mm，占年均总量的56%。暴雨多集中在7、8月，夏秋季局部地区易出现雷阵雨、冰雹等灾害性天气。由于庄河市地处东北丘陵山区，受山脉地形、洋流和温带湿润季风气候区气候的影响，其降水在时空分布上主要呈现年际、时程分配不均，地域分配差异较大的规律。

(1) 降水量年际分布极不均匀，形成春旱夏涝的特点

根据庄河市气象局1985～2014年的降雨数据分析（见图3-5）可知，最大年降水量在1094.4mm（1985年），最小年降水量为441.7mm左右（2000年），最大年降水量是最小年降水量的2.5倍。庄河市降水量呈现年际分配极不均匀的特点。

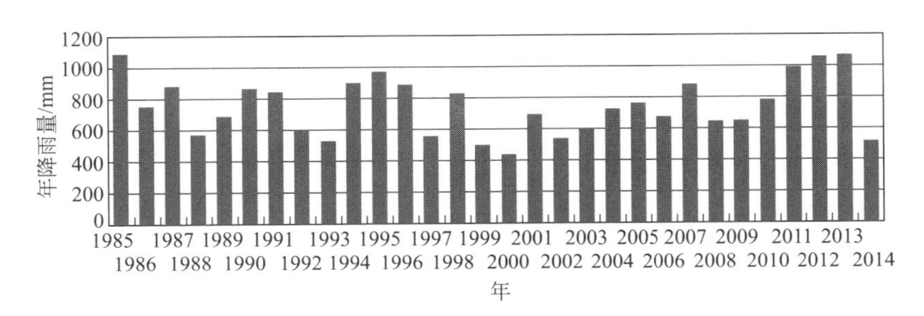

图3-5 庄河市1985～2014年年降水量

(2) 降水量时程分布极不均匀

庄河市降雨年内分配情况极不均匀，每年变化也很大，如2013

年、2014年的降水量与平均降雨量差别较大，如图3-6所示。2014年1～4月降水量占全年的4.4%，5～9月降水量占全年的86.5%，10～12月降水量占全年的9.1%。5～9月除5月和9月降水比常年偏多外，其余3个月均比常年偏少，其中7月降水量最大为1187mm，比常年偏少39.5%。12月降水量最小为9mm，比常年偏少89.7%。降水量的时程分配极不均匀，2013年仅6～8月的降水量超过年降水量的85%，是2014年同期降水量的3倍。

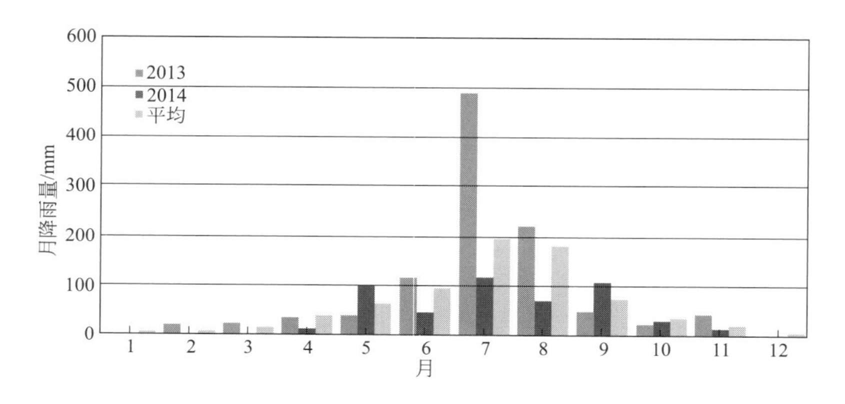

图3-6 庄河市降雨年内分配情况

(3) 降水量空间分布呈东部偏大、西部偏小态势

庄河市降水量地域分布不均匀，整体呈现由东北向西南递减的分布趋势，南北向雨量变化梯度大，东西向差异小，山区降雨量大于盆地。根据《2013年庄河市水资源公报》，2013年庄河市各地降水量在987～1228mm，由东北向西南递减，其中，栗子房镇1228.3mm为最大，王家镇987.2mm为最小。

(4) 降水量在境内主要流域分布

根据《2013年庄河市水资源公报》，英那河流域年平均降水量为1140.3mm，折合水量11.45亿立方米，比多年平均降水量增加27.6%，同比去年降水量减少22.0%；庄河流域年平均降水量1080.3mm，折合水量6.676亿立方米，比多年平均降水量增加

30.7%，同比去年平均降水量减少 21.9%；湖里河流域年平均降水量 1208.8mm，折合水量 5.319 亿立方米，比多年平均降水量增加 33.4%，同比去年平均降水量减少 10.4%。

3.2.1.2 径流特性

庄河地区地表水资源总量丰富，是大连重要的淡水饮用水水源地，多年平均年径流量达 16.68 亿立方米，地表径流的时空分布与降雨的时空分布基本一致。

① 年际分配不平衡。

② 地表径流年内分配也极不均匀，每年 6～8 月降雨量大，径流量也大。

③ 径流空间分布与降水基本一致。根据《2013 庄河市水资源公报》统计数据，2013 年全市地表径流量 21.30 亿立方米，折合面平均径流深 620.8mm。全市年径流深变化范围为 432.4～775.0mm，空间分布与降水基本一致。

3.2.1.3 水安全分析

庄河市地处千山山脉南部延伸丘陵山区，由于受特殊地形和海洋季风的影响，暴雨较多，洪灾也较为常见。根据庄河市气象局的统计，2000 年以来，城市暴雨积涝问题屡有发生。洪涝灾害对城市基础设施造成了极大破坏，并对居民人身和财产安全造成严重危害。

(1) 庄河市洪涝特点

① 季节性。庄河市的洪涝类型主要是暴雨洪灾，城市内涝问题多为暴雨时期发生。洪水的季节特点、时空变化与降水一致。在每年 7～9 月降雨较多，发生频繁、时间短、范围广、危害较严重。

② 突发性。由于地处千山支脉，面向黄海，海洋季风受千山的阻隔和高差影响，易形成局部小气候，常发生局地强降水，具有突发性。

③ 山洪灾害的群发性。庄河市是山丘地带，地质条件复杂，遇

暴雨天气时，不仅山洪暴发、河水泛滥，并且伴有山体滑坡、泥石流、岩石崩坍等山地灾害，容易形成群发性山洪灾害。

④ 隐蔽性。因高山阻隔而形成的局部小气候常发生局地强降雨，而造成局地山洪暴发，加之山区交通的不便和山峦的阻隔，使得局地洪灾具有隐蔽性。

(2) 庄河市内涝原因分析

① 气候条件暴雨多发。庄河地处中暖温带湿润大陆性季风气候，平均年降水达736mm。在全球气候变化的背景下，气温增高使得大气保持水汽的能力加强，再加上南北冷暖空气交换比较激烈和海洋季风的影响，容易产生强降雨，导致一些局地性的暴雨增多，降雨强度、发生频率、降雨持续时间和受影响范围等要素都出现了变化。庄河地区夏季尤其是7～8月遭遇长历时、强降雨的频次和强度有增强的趋势是洪涝灾害多发的自然因素。

② 地势条件易造成山洪。由于庄河市地形四周是低山丘陵，中间是河谷平原，地势周高中低，暴雨易造成山洪灾害。庄河等河流上游山高坡陡，每遇暴雨则山洪倾泻而下，造成严重洪灾。庄河市所发生的城区内涝问题多为暴雨时期与山洪协同所发生的，内涝防控能力也较为脆弱。

③ 城市建设发展增加了脆弱性。强降水事件的增加会加大城市市政排水压力以及提高内涝风险，以致城市基础设施破坏，导致排水系统瘫痪，甚至造成重大人民生命财产损失。反过来说，城市发展会加剧极端天气所引发自然灾害的危害性。面对人类在短时间内根本来不及缓解的气候变化，很大程度上城市内涝的影响取决于城市的脆弱性，也就是说，当前首先要任务是适应这种气候变化带来的极端天气增加的事实，不断提高城市自身的抵御能力。

④ 雨水系统设计标准偏低，原有排水系统不完善。目前，我国大部分城市的排水管道系统只能负责排出设计重现期内的排水。就庄河市中心城区来说，排水管道设计标准偏低，如总规中雨水管渠标准

仅为一般地区 $P=1$ 年，重要地区及城市中心采用 $P=1\sim2$ 年。而建设中老城区小于 1 年一遇的管网所占比例很大，再加上局部地势低洼，泵站汇水面积过大且排水能力有限，管网系统收水能力不足，部分雨水排出管道无下游排除出路，雨水口数量不够及连接管设计不合理等现象都是可能造成严重内涝积水的原因。此外，由于种种原因，管道设计只考虑路面降水，存在与管道服务范围不均衡等问题。

⑤ 规划中缺乏绿色雨水基础设施。原有城市规划建设体系中，水专业相对弱势，城市规划初期并没有足够考虑到下垫面变化对城市水系统的影响，一旦城市化快速推进，所带来的问题又难以通过改造的方法纠正。在城市规划中，总规、控规、详规等落实阶段也同样缺少雨水控制利用系统规划和绿色雨水基础设施建设的支持。传统雨水排水系统内容相对简单，难以涵盖综合的水系统问题。传统的雨水基础设施已经不能适应这些新变化的需要，传统雨水技术措施的局限性也越来越强，特别需要一套综合的绿色与灰色结合的雨水管理技术体系。

⑥ 缺乏应对超标降雨的规划和措施，部分滞洪区和山洪通道未按规划建成。目前，应对超标降雨的规划和措施仍不足，以及城市外围山洪通道没有建成，城市防洪体系不够完善。城市防洪工程体系建设缺乏系统性、完整性和超前性。目前庄河市城区未形成防洪封闭圈，河道拦水坝的建设在打造城市水景的同时也造成部分雨水管道排水的不畅。

3.2.1.4 水资源状况

(1) 水资源概况

庄河地区水资源主要来自天然降水。2013 年全市水资源总量 21.427 亿立方米，同比 2012 年减少 9.4%。其中：地表水资源量 21.30 亿立方米，折合净流深为 620.8mm，同比 2012 年减少了 20.63%，比多年平均增加了 63.11%，栗子房镇 775.0mm 为最大，桂云花满族乡 432.4mm 为最小；地下水资源量 3.171 亿立方米，主要为山丘区地下水资源量，同比 2012 年增加 2.4%，地下水资源量仙人洞镇最大，为 3153 万立方米；王家镇最小，为 89.1 万立方米。

（2）水资源利用现状

① 供水量。水资源利用量以地表水为主，地表水用量约占总用水量的 80%以上。2013 年，全市总供水 3.578 亿立方米，其中地表水为 2.928 亿立方米，占供水总量的 81.8%；地下水为 0.650 亿立方米，占供水总量的 18.2%。

② 用水量。2013 年庄河总用水量 3.578 亿立方米，其中，农业用水量 2.230 亿立方米，占 62.3%；林牧渔用水量 0.233 亿立方米，占 6.5%；农村生活用水量 0.165 亿立方米，占 4.6%；城镇生活用水量 0.0817 亿立方米，占 2.3%；工业用水量 0.8483 亿立方米，占 23.7%；生态环境用水量 0.020 亿立方米，占 0.6%。庄河市 2013 年总用水量组成比例如图 3-7 所示。

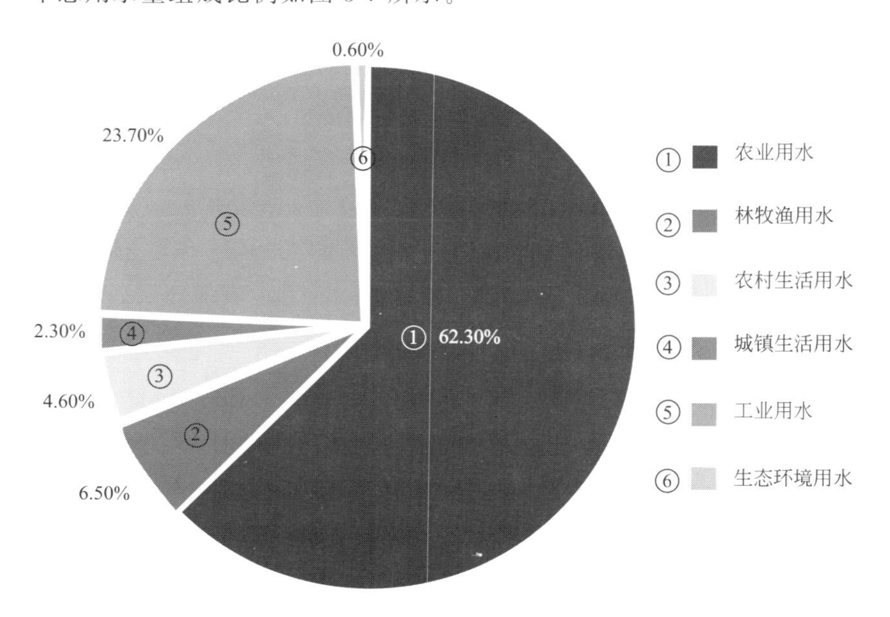

图 3-7 庄河市 2013 年总用水量组成比例

3.2.1.5 水生态分析

由于庄河市区河道人为地从大田港水系独立开来，城区开发建设后硬质化下垫面增多，城区雨后产流能力增强，而滞蓄能力减弱，城区产流对河道的日常补水功能较弱，城区河道生态补水主要依赖北侧山区小流域和上游污水处理厂尾水，受山区小流域面积小、比降大，缺少雨洪滞蓄工程的影响，非汛期补水量较少。

河湖水系是区域重要的水生态空间，但随着社会经济的发展和水环境的恶化影响，河道黑臭、不合理的河道工程建设等因素，导致河湖水系的景观生态功能逐渐弱化，未能使河道发挥其应有的景观生态功能。近年来，庄河市结合新农村建设、城市建设进行了一系列涉水景观生态建设，如上游山区生态农业开发、城区灵湖景观生态工程建设、大田刘村环村水系改造等项目，对区域水景观生态功能的发挥和居民休闲游憩空间的创造发挥了较大的作用，但总体上，庄河市域水系景观生态建设与区域社会经济发展需求之间的矛盾依然突出，大范围的河道水系生态破坏，生态功能不足；缺乏系统的景观建设等问题依然突出，河湖水系对区域生态文明建设的支撑作用较弱。

水系的护岸型式分为硬质型和生态型。城区范围内生态护岸，主要分布在建成区外围，现状建成区内硬质护岸比例较高，生态护岸比例仅占40%。

3.2.2 示范区存在的主要问题

通过对示范区内的自然地理、经济社会现状和降雨、土壤、地下水、下垫面、排水系统、城市开发前的水文状况等基本特征的初步分析，识别庄河市生态休闲养老示范区（第五片区）内的城市水资源、水环境、水生态、水安全等方面存在的主要问题如下。

3.2.2.1 水生态方面

示范区区域为填海造地，原本地貌现状多为虾池用地，填海土石方大都就近开山取土。同时，由于海域被分隔成块，原来宽阔的海面，被围堰阻隔，海域景观质量降低。

示范区大部分区域地势平缓，时有积水现象发生，同时地面渗透系数较低，雨水难以下渗，很快流入大海，淡水资源大大浪费。

3.2.2.2 水安全方面

（1）现状水系不发达，难以形成循环的水系

示范区内的现状水系，由原本的虾池灌溉渠发展而来，随着填海造地的进行，不能形成完整、循环的地表水系，对区域内的水体净化蓄存起不到应有的作用。

（2）下垫面硬化，造成雨水径流流速、流量增加

随着城市的建设发展，硬覆盖面积增大，引起径流量变大，洪峰出现提前，透水硬质地面的粗糙率比较小，致使地面汇流时间缩短，同时随着雨水管网系统的完善，加速了雨水向各条内河的汇集，促使了短时间内形成高峰流量。而且，由于不透水表面下渗几乎为零，洼地蓄水大量减少，造成产流速度和径流量都大大增加。

（3）受海水潮位水位顶托，排水管道积水，造成雨水排放不畅

示范区南临黄海，且地势北高南低，因此区域内雨水排出口位于南侧黄海内。因此在汛期，雨水管道受海水顶托，无法迅速排出，易导致市区内积水。

（4）局部位置规划道路竖向低，受河洪水顶托严重

原控规规划的竖向标高，局部标高较低，遇到多年一遇的暴雨情况，会使雨水排水管网受到河流水系的顶托，致使区域的局部排水困难，形成积水。

（5）局部地貌的变化引起排水不畅

随着市内交通建设的发展，桥梁构筑物等形式的交通设施的建设发展迅速，导致原地貌发生变化，产生新的积水点。

(6) 地下水水位较高，影响地面径流下渗

示范区受黄海潮位影响，地下水位较高，因此当地面径流形成时，下渗入地下水中的雨水量较少，对径流的削减影响甚微，造成下游雨水量较大。

3.2.2.3 水资源方面

(1) 水资源时空分布不均

受地形、地貌、降雨的影响，示范区水资源时空分布不均。大气降水是陆地地表水和浅层地下水的补给来源。降水量在年际之间的变化不均，有不甚明显的周期性。

(2) 非常规水源利用不足

城市没有海水淡化厂，该区域无雨水利用，再生水利用率低。

(3) 调蓄能力相对不足

流域内城市化进程加快，城市人口增长以及工业、农业的发展，各行业对水资源的需求日益增多，目前流域内的水资源利用方式较为粗放，部分流域在非汛期河道出现干涸现象，加之现有部分蓄水工程因年久失修，无法满足未来的水资源需求。

3.2.2.4 水环境方面

(1) 城市水体污染问题

随着城市的建设，雨水径流污染、生活污水排放及工业废水排放等导致城市河道水环境污染负荷远远超过水环境容量，河道水质恶化严重。庄河市水资源受到海水入侵，工业和生活污水污染，同时供水设施材料的缺陷以及逐年老化，供水受到一定程度影响。主要存在水源地工业企业污水乱排，农业施肥及农药用水流入河道，法律保障体系不完善。

(2) 面源污染控制欠缺

随着城市的不断开发，硬化路面逐渐增多，径流时间短，降雨冲刷将路面污染物带入受纳水体，城市初期雨水未进行处理直接排入河道，雨季对河流污染严重。在农业生产活动中，降雨或灌溉时，农田中的泥砂、营养盐、农药及其他污染物通过农田地表径流、壤中流、农田排水和地下渗透，进入水体而形成面源污染。而现状面源污染未经过任何控制削减措施直接进入水体，对水环境造成巨大影响。

(3) 地下水污染

庄河市由于地下水位逐年下降，海水水位线逐年增高，导致海水入侵地下水严重，对地下水造成了严重的污染。

3.2.3 需求分析与建设基础

3.2.3.1 需求分析

示范区内的基础设施建设水平现状较低，在此基础上推进海绵城市建设，在城市开发建设过程中采取有效的雨水管控措施，并因地制宜安排相应的低影响开发设施，以解决庄河市的实际问题，缓解局部内涝，提高内河水质，改善城市环境面貌，进一步提升城市宜居水平。

针对庄河市城市建设过程中所面临的水生态、水安全、水环境、水资源等问题，分析如下。

(1) 保证生态空间的预留，构建大海绵系统

结合庄河市总体规划中提出的建设生态城市的发展目标和实施生态发展战略。示范区海绵城市的建设以自然生态本底为基础，构建城市水系、绿地相结合的大海绵型生态格局。在城市开发建设过程中保护和修复自然海绵，并通过完善城市水系、绿地系统构建蓝绿空间，实现自然积存、自然渗透、自然净化的城市发展方式。

(2) 采取低影响开发模式，缓解城市内涝风险

庄河市城市防洪工程主要利用堤防、闸站和排涝泵站等设施调节防洪水位的防洪排涝模式。设计应通过采取雨水渗透、雨水滞蓄、雨水利用等低影响开发设施，降低城市内涝风险，减少排水设施规模和运行管理费用。

(3) 完善城市水系结构，改善水环境质量

通过海绵城市的建设，保护和修复城市水系，打通断头浜，完善水系结构，改善水系微循环，提升水体自净能力。结合透水铺装、绿色屋顶、雨水花园、湿地等低影响开发设施的建设，能有效去除降雨径流污染，改善水环境质量，减少黑臭水体现象。

(4) 利用雨水资源，改善城市水源配置

通过采取适宜的雨水积蓄和收集设施，用于城市绿地浇洒、景观补水或其他市政杂用水；扩大再生水应用范围，加大再生水利用力度，改善城市水源配置。

3.2.3.2 限制因素

经过充分分析城市降雨特点、水文地质条件、城市建设现状等方面，总结出庄河市建设海绵城市的一些限制因素和风险，包括地下水位高、土壤渗透能力弱、进一步改善水环境质量难度大、城市园林景观要求高等。针对这些限制因素，遵循因地制宜的原则，提出适用于庄河市及同类型城市的海绵城市建设方式。

(1) 土壤和水文条件不利于雨水下渗

① 地下水位较高，可下渗距离短　示范区内的地下水水位较高，意味着下渗距离较短，因此，仅依赖土壤的污染削减能力来实现雨水的净化处理的海绵设施将不能达到预计的效果，可能会造成地下水体的污染。

② 降雨集中，汛期长　多年平均降水量736mm，7、8月降水量占全年降水的56%，受地形和季风影响，降水量自西南向东北递增。因此，庄河市在夏季汛期降雨集中且降雨量较大，土壤饱和度高，雨水下渗效果减弱，易发生洪涝灾害，水安全建设任务重。

（2）常规的低影响开发措施与庄河绿化景观结合难度大

改善水环境质量是庄河市海绵城市建设的重要目标，而地下水位高、降雨集中等特点决定了庄河适宜使用的低影响开发措施以植草沟、雨水花园、生物滞留池等下沉式绿地为主，下沉式绿地雨季时可能会长期积水，要求植物耐淹耐泡。如何将下沉式绿地与景观相结合，既保证园林景观效果不失庄河传统特色，又能满足低影响开发的要求，是庄河海绵城市建设需要探索的重要事项。

3.3 海绵城市规划指标体系

3.3.1 规划体系架构

结合庄河市城区在水生态、水环境、水安全、水资源等方面存在问题及需求分析，如城市水生态环境保护、内涝缓解、径流污染控制、水资源再生利用、供水安全保障等，以问题为导向，针对需求，根据庄河市区实际情况，并结合《住房城乡建设部办公厅关于印发海绵城市建设绩效评价与考核办法》，对应从水生态、水环境、水安全、水资源四个方面制定海绵城市建设目标及目标实现的指标体系，通过指标体系构建，引导城区各项海绵城市建设，使海绵城市建设有据可依。

依据住房和城乡建设办公厅《关于印发海绵城市建设绩效评价与考核办法（试行）的通知》的要求，庄河市区海绵城市建设中建立一套完整的涉及水生态、水环境、水资源、水安全的指标体系，包括分解指标 6 大方面共计 16 项具体指标，为城区规划设计、建设项目管控、相关制度制定以及效果考核等方面提供科学依据。其中强制性指标 13 项，鼓励引导性指标 3 项。落实到地块控制上的指标 3 项。所有指标均落实到专项规划和城市建设中。庄河市示范区海绵城市建设指标体系见表 3-3。

表 3-3 庄河市示范区海绵城市建设指标体系

类别		指标	目标	指标落实方式			指标性质
				控规地块管控指标	绿地、排水防涝、供排水等专项规划	城市设计、景观空间、建设等	
水生态	1	年径流总量控制率	80%	●	●	●	定量（约束性）
	2	生态岸线比例	50%	/	●	●	定量（约束性）
	3	城市热岛效应	热岛强度得到缓解	/	○	○	定量（鼓励性）
水环境	4	水环境质量	不低于Ⅳ类，不劣于海绵城市建设前	/	●	●	定量（约束性）
	5	城市面源污染控制率（以SS计）	55%	●	●	●	定量（约束性）
水资源	6	污水再生利用率	10%	/	●	●	定量（约束性）
	7	雨水资源利用率	2.0%	●	●	●	定量（约束性）
	8	管网漏损控制率	10%	/	●	●	定量（鼓励性）
水安全	9	城市暴雨内涝灾害防治	排涝标准20年一遇，防洪标准50年一遇	/	●	●	定量（约束性）
	10	饮用水安全	水质达标率100%	/	○	○	定量（鼓励性）
制度建设及执行情况	11	规划建设管控制度	出台相应政策制度	/	●	●	定性（约束性）
	12	蓝线、绿线划定与保护	编制蓝线、绿线专项规划	/	●	●	定性（约束性）
	13	技术规范与标准建设	出台海绵城市建设技术规范	/	●	●	定性（约束性）
	14	投融资机制建设	出台投融资制度机制	/	●	●	定性（约束性）
	15	绩效考核与奖励机制	出台绩效考核奖励机制	/	●	●	定性（约束性）
	16	产业化	制定促进相关企业发展的优惠政策等	/	○	○	定性（鼓励性）

注：● 代表强制性指标；○代表引导性指标；/代表无。

3.3.1.1 水生态规划

径流控制工程利用“海绵城市总体规划系统”构建数字化模型，分解 70%以上的径流总量控制目标，将相关区域指标或目标分解到每个街区和每条城市道路，明确建筑与小区、城市绿化、城市道路和城市水系的海绵性要求和主要措施指标体系，作为城市土地开发利用的约束条件。

3.3.1.2 水环境规划

通过污染源分析，对点源和面源污染分别提出针对性的控制策略。通过完善污水管网，加快污水处理厂建设，杜绝污水直接排放，控制点源污染物；通过布置低影响开发措施，削减 35%～45%的面源污染，最后通过布置人工湿地和河滨缓冲带，将面源污染物的排放控制在环境容量允许范围内。

3.3.1.3 水资源规划

在建筑和小区建设雨水调蓄池和雨水罐，在集中式绿地建设湿塘，并强化景观水体调蓄功能，将调节和储存收集到的雨水与污水处理厂再生水回用于绿化浇灌、道路清洗或景观水体补水，有效缓解庄河市区可利用水资源不足的现实问题。

3.3.1.4 水安全规划

构建管网模型对现状排水防涝体系和规划排水管网系统进行分析，识别内涝积水区域。采用灰色基础设施和绿色基础设施并用的方法，建设“源、网、汇”三级排水防涝体系，对现状排水防涝体系进行改造提升，消除内涝积水点，全面提升示范区的水安全标准。

3.3.2 水生态指标

3.3.2.1 年径流总量控制率

（1）指标定义

低影响开发雨水系统的径流总量控制一般采用年径流总量控制率

作为控制目标。年径流总量控制率与设计降雨量为一一对应关系，它所代表的含义为：经多年（>30年）日降雨统计资料，扣除小于等于2mm的降雨事件的降雨量，将降雨日值按雨量由小到大进行排序，统计小于某一降雨量的降雨总量（小于该降雨量的按真实雨量计算出降雨总量，大于该降雨量的按该降雨量计算出降雨总量，两者累计总和）在总降雨量中的比率，此比率（即年径流总量控制率）对应的降雨量（日值）即为设计降雨量。

海绵城市的建设使其与传统快排模式对于年径流总量控制率（如图3-8所示）产生很大差别。理想状态下，径流总量控制目标应以开发建设后径流排放量接近开发建设前自然地貌时的径流排放量为标准。自然地貌往往按照绿地考虑，一般情况下，绿地的年径流总量外排率为15%～20%（相当于年雨量径流系数为0.15～0.20），因此，借鉴发达国家实践经验，年径流总量控制率最佳为80%～85%。这一目标主要通过控制频率较高的中、小降雨事件来实现。以北京市为

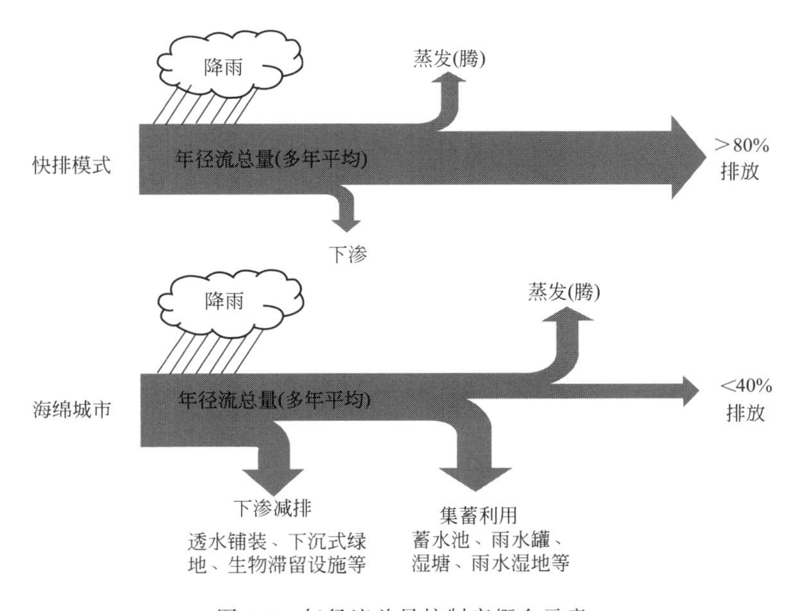

图3-8 年径流总量控制率概念示意

例，当年径流总量控制率为80%和85%时，对应的设计降雨量为27.3mm和33.6mm，分别对应约0.5年一遇和1年一遇的1h降雨量。实践中，各地在确定年径流总量控制率时，需要综合考虑多方面因素。一方面，开发建设前的径流排放量与地表类型、土壤性质、地形地貌、植被覆盖率等因素有关，应通过分析综合确定开发前的径流排放量，并据此确定适宜的年径流总量控制率；另一方面，要考虑当地水资源禀赋情况、降雨规律、开发强度、低影响开发设施的利用效率以及经济发展水平等因素，具体到某个地块或建设项目的开发，要结合本区域建筑密度、绿地率及土地利用布局等因素确定。

(2) 年径流总量控制率现状水平分析

示范区未开发状况下，城市水体较多，自然调蓄能力强，自然地貌接近绿地，年综合径流外排率约为20%。

(3) 开发后年径流总量控制率分析

基于传统方式开发、结合城市用地规划、竖向规划、排水管网规划进行计算，核算中心城区年径流总量控制率约为43%，与开发前相比会产生大量雨水外排。

(4) 年径流总量控制率确定

根据我国大陆地区年径流总量控制率分区，辽宁省大连市位于Ⅳ区，年径流总量控制率 α 的区间值为70%～85%。

确定庄河市区2020年年径流总量控制率为75%，对应设计降雨量为27.1mm。2030年年径流总量控制率为80%，对应设计降雨量为34.9mm。年径流总量控制率与对应设计降雨量关系见表3-4和图3-9。

表3-4 庄河市年径流总量控制率与对应设计降雨量

径流总量控制率/%	50	65	70	75	80	85	90	95
设计降水量/mm	11.3	18.9	22.6	27.1	34.9	40	52	73.5

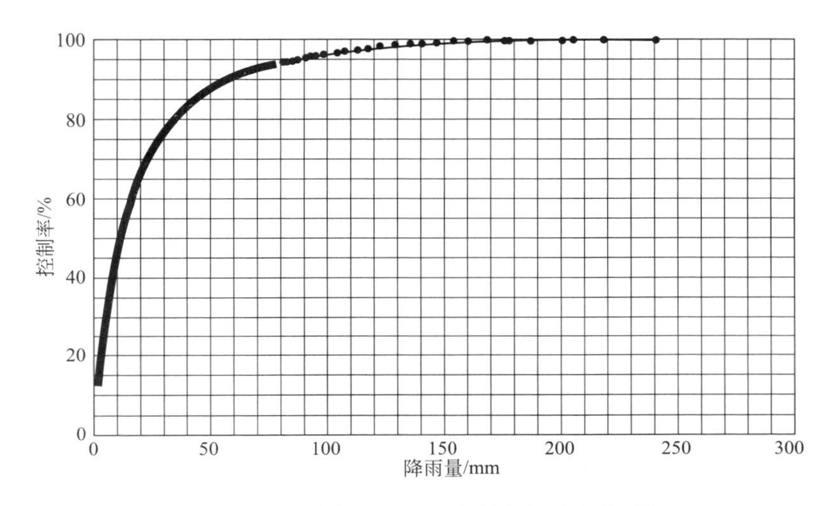

图 3-9 庄河市年径流总量控制率与设计降雨量

3.3.2.2 生态岸线恢复

城区规划水面面积约为 $13.6km^2$，水面面积约占 3.26%，规划水面面积保持率 100%，以保障城市的防洪行涝等功能。在不影响防洪安全的前提下，对庄河市河湖水系岸线、加装盖板的天然河渠等进行生态修复，达到蓝线控制要求，恢复其生态功能。规划到 2020 年，生态岸线比例目标达到 30%以上；到 2030 年生态岸线比例达到 50%。

3.3.2.3 城市热岛效应

海绵城市建设区域夏季（按 6～9 月）日平均气温不高于同期其他区域的日均气温，或与同区域历史同期（扣除自然气温变化影响）相比呈现下降趋势。

3.3.3 水环境指标

3.3.3.1 水环境质量

海绵城市建设主要从径流污染控制及河道整治角度出发，削减城市面源污染，清澈城市水体。根据《关于印发海绵城市建设绩效评价与考核办法（试行）的通知》的要求，海绵城市建设区域内的河湖水系水质不低于《地表水环境质量标准》Ⅳ类标准，且优于海绵城市建设前的水质。当城市内河水系存在上游来水时，下游断面主要指标不得低于来水指标。确定庄河市区海绵城市建设水环境质量规划标准为：不低于Ⅳ类，不劣于海绵城市建设前。远景目标为Ⅲ类。根据《地表水环境质量标准》（GB 3838—2002），水质标准见表 3-5。

表 3-5 地表水环境质量标准限值

项目 分类 标准值		Ⅰ类	Ⅱ类	Ⅲ类	Ⅳ类	Ⅴ类
pH 值		6～9				
溶解氧/(mg/L)	≥	饱和率 90%（或 7.5）	6	5	3	2
高锰酸盐指数/(mg/L)	≤	2	4	6	10	15
化学需氧量(COD)/(mg/L)	≤	15	15	20	30	40
五日生化需氧量(BOD_5)/(mg/L)	≤	3	3	4	6	10
氨氮(NH_3-N)/(mg/L)	≤	0.15	0.5	1.0	1.5	2.0
总磷(以 P 计)/(mg/L)	≤	0.02（湖、库 0.01）	0.1（湖、库 0.025）	0.2（湖、库 0.05）	0.3（湖、库 0.1）	0.4（湖、库 0.2）
总氮(湖、库，以 N 计)/(mg/L)	≤	0.2	0.5	1.0	1.5	2.0
粪大肠菌群/(个/L)	≤	200	2000	10000	20000	40000

3.3.3.2 城市面源污染控制

(1) 控制要求

城市面源污染控制要求雨水径流污染、合流制管渠溢流污染得到有效控制。根据要求：①雨水管网不得有污水直接排入水体；②非降雨时段，合流制管渠不得有污水直排水体；③雨水直排或合流制管渠溢流进入城市内河水系的，应采取生态治理后入河，确保海绵城市建设区域内的河湖水系水质不低于地表Ⅳ类。

庄河市区除少部分老城区存在雨污合流以外，绝大多数地块排水体制均为雨污分流。规划期限内要求雨污分流比例为100%，同时雨水进入内河水系前应经过生态治理。

(2) 悬浮物（SS）总量去除率

径流污染控制是低影响开发雨水系统的控制目标之一，既要控制分流制径流污染物总量，也要控制合流制溢流的频次或污染物总量。各地结合城市水环境质量要求、径流污染特征等确定径流污染综合控制目标和污染物指标，污染物指标可采用悬浮物（SS）、化学需氧量（COD）、总氮（TN）、总磷（TP）等。

城市径流污染物中，SS往往与其他污染物指标具有一定的相关性，因此，一般可采用SS作为径流污染物控制指标，低影响开发雨水系统的年SS总量去除率一般可达到40%～60%。年SS总量去除率可用下述方法进行计算。

年SS总量去除率＝年径流总量控制率×低影响开发设施对SS的平均去除率。按年径流总量控制率80%计，年SS总量去除率约40%。

城市或开发区域年SS总量去除率，可通过不同区域、地块的年SS总量去除率经年径流总量（年均降雨量×综合雨量径流系数×汇水面积）加权平均计算得出。考虑到径流污染物变化的随机性和复杂性，径流污染控制目标一般也通过径流总量控制来实现，并结合径流雨水中污染物平均浓度和低影响开发设施污染物去除率确定。

(3) 污水处理率

根据《庄河市城东区污水专项规划（2015～2030）》送审稿，庄河市规划污水收集率达到100%，污水处理率达90%以上。

3.3.4 水资源指标

海绵城市建设应侧重于优质水资源的开源节流。对照雨水资源利用率、污水再生利用率和管网漏损率几大指标，市区应强化管网漏损率控制指标，提高污水再生利用率，优先考虑雨水资源利用。

3.3.4.1 雨水资源利用率

雨水资源利用率是指雨水收集用于道路浇洒、园林绿地灌溉、市政杂用、工农业生产、冷却等的雨水总量（按年计算，不包括汇入景观、水体的雨水量和自然渗透的雨水量），与年均降雨量（折算成毫米数）的比值；或雨水利用量替代的自来水比例等。

3.3.4.2 污水再生利用率

再生水指污水经处理后，通过管道及输配设施、水车等输送用于市政杂用、工业农业、园林绿地灌溉等用水，以及经过人工湿地、生态处理等方式，主要指标达到或优于地表Ⅳ类要求的污水厂尾水。

庄河市区 2020 年预测污水量 11.08 万立方米每天，年污水产生量 4044.2 万立方米。结合庄河实际，考虑污水再生利用的必要性和经济性，规划 2020 年污水再生利用率 10％，404.42 万立方米每年；2030 年污水再生利用率 20％，808.84m^3/年。

3.3.4.3 管网漏损控制率

2015 年庄河市城市供水管网漏损率在 11％以内，根据海绵城市要求，确定庄河市区供水管网漏损率 2020 年控制在 10％以内，2030 年控制在 8％以内。

3.3.5 水安全指标

3.3.5.1 城市暴雨内涝灾害防治

根据《室外排水设计规范》(2014 年版)，内涝防治设计重现期应根据城镇类型、积水影响程度和内河水位变化等因素，经技术经济比较后按表 3-6 的规定取值，并应符合下列规定：

① 人口密集、内涝易发且经济条件较好的城镇，宜采用规定的上限。

② 目前不具备条件的地区可分期达到标准。

③ 当地面积水不满足表 3-6 的要求时，应采取渗透、调蓄、设置雨洪行泄通道和内河整治等措施。

④ 超过内涝设计重现期的暴雨，应采取应急措施。

表 3-6 内涝防治设计重现期

城镇类型	重现期/年	地面积水设计标准
超大城市	100	1. 居民住宅和工商业建筑物的底层不进水； 2. 道路中一条车道的积水深度不超过 15cm
特大城市	50～100	
大城市	30～50	
中等城市和小城市	20～30	

注：1. 表中所列设计重现期适用于采用年最大值法确定的暴雨强度公式。

2. 超大城市指城区常住人口在 1000 万以上的城市；特大城市指城区常住人口 500 万以上 1000 万以下的城市；大城市指城区常住人口 100 万以上 500 万以下的城市；中等城市指城区常住人口 50 万以上 100 万以下的城市；小城市指城区常住人口在 50 万以下的城市（以上包括本数，以下不包括本数）。

3. 本规范规定的地面积水设计标准没有包括具体的积水时间，各城市应根据地区重要性等因素，因地制宜确定设计地面积水时间。

根据《城市排水（雨水）防涝综合规划编制大纲》要求：通过采取综合措施，直辖市、省会城市和计划单列市（36 个大中城市）中心城区能有效应对不低于 50 年一遇的暴雨；地级城市中心城区能有效应对不低于 30 年一遇的暴雨；其他城市中心城区能有效应对不低于 20 年一遇的暴雨；对经济条件较好，且暴雨内涝易发的城市可视具体情况采取更高的城市排水防涝标准。

考虑庄河市区及现状部分地表竖向标高较低，要达到 50 年一遇的高标准短期内难以实现。确定庄河市区城市内涝防治标准为 20 年一遇暴雨。

3.3.5.2 饮用水安全

饮用水水源地水质要求达到国家标准。以地表水为水源的，一级保护区水质达到《地表水环境质量标准》Ⅱ类标准和饮用水源补充、特定项目的要求，二级保护区水质达到《地表水环境质量标准》Ⅲ类标准和饮用水源补充、特定项目的要求。以地下水为水源的，水质达到《地下水质量标准》Ⅲ类标准的要求。自来水厂出厂水、管网水和龙头水达到《生活饮用水卫生标准》的要求。

3.4 规划理念总则及海绵创新点

3.4.1 海绵城市规划总体思路及目标

3.4.1.1 总体目标

根据住房和城乡建设部发布的《海绵城市建设技术指南》中的年径流总量控制率分区图，庄河市位于年径流总量控制率Ⅳ区（$70\% \leqslant \alpha \leqslant 85\%$）。

综合考虑庄河市降雨特征、示范区现状建设情况、地下水位、土壤渗透性、投入/产出比，结合《海绵城市建设技术指南》相关要求，庄河市示范区海绵城市建设试点中各项控制指标如下：

① 年径流总量控制率 80%，即需控制 34.9mm 的设计降雨量；

② 年 SS 总量去除率 55%要求；

③ 排水管网设计标准不低于 3 年一遇；

④ 内涝防治标准达到 20 年一遇；

⑤ 水体不黑臭达到四类水体标准。

3.4.1.2 总体建设思路

庄河市海绵城市建设的总体思路：针对庄河市城市水资源稀缺、

排水能力提升与内涝风险防控等问题，从“源头减排、过程控制、系统治理”着手，通过庄河市海绵城市建设规划的管控，综合采用“渗、滞、蓄、净、用、排”等工程技术措施，控制城市雨水径流，实现低影响城市开发建设（LID），最大限度地减少由于城市开发建设行为对原有自然水文特征和水生态环境造成的破坏，将庄河市城市建设成“自然积存、自然渗透、自然净化”的海绵城市，适应环境变化和应对自然灾害等方面具有良好的“弹性”，从而实现“修复城市水生态、涵养城市水资源、改善城市水环境、提高城市水安全、复兴城市水文化”的多重目的海绵城市。庄河海绵城市总体建设思路如图 3-10 所示。

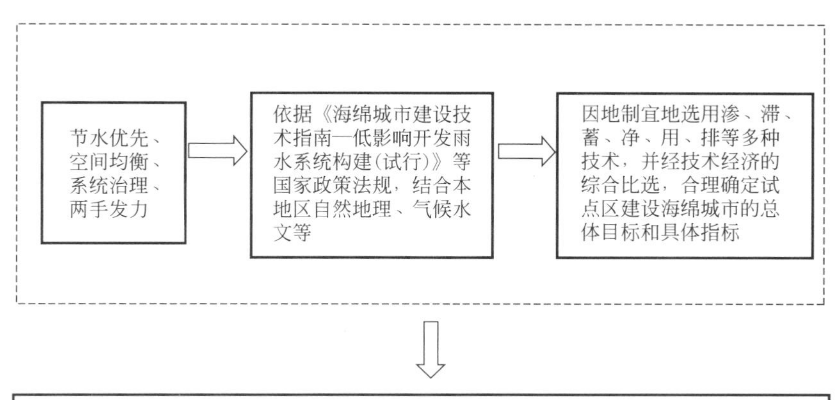

图 3-10 庄河海绵城市总体建设思路

3.4.2 总体技术路线

海绵城市建设采用的技术路线分为四大步骤七个部分，按照项目进展深入，依次包括现状调查、问题分析、目标确定、生态安全格局、海绵城市系统构建、建设指引和保障机制。具体如图 3-11 所示。

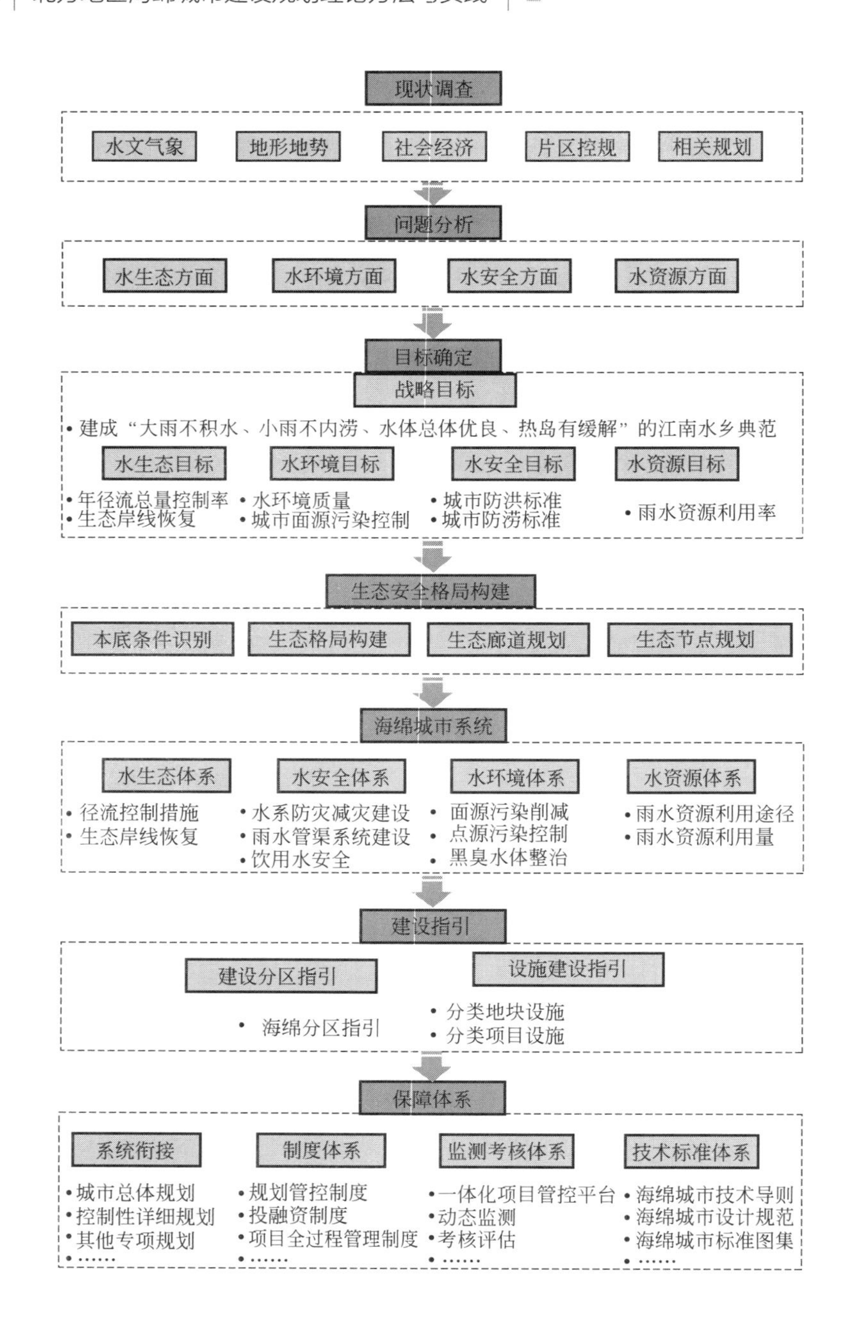

图 3-11　海绵城市规划技术路线图

① 对庄河市示范区的各部分现状进行调研，收集和整理相关水文气象、地形地势、社会经济、上位规划和其他相关规划内容。在现状调研和资料梳理整合的基础上，对庄河市示范区现状要素进行评估和识别。分析出庄河市示范区及周边区域的水生态、水安全、水环境、水资源现状情况。

② 在现状情况明确和分析的基础上，提出海绵城市的战略目标和分类目标。通过水生态、水安全、水环境和水资源各项子目标的分解，明确示范区内的水生态、水安全、水资源等方面的需求，建设具有海滨养老新城特色的海绵城市。

③ 从城市自身及周边的生态环境本底特征出发，在确保生态系统结构与功能的完整性的同时，尽力保留城市内部与周边自然相融相间的格局，通过优化庄河市示范区城市生态格局保障城市生态安全，构建庄河市示范区海绵城市空间格局。继而，根据庄河市示范区不同用地条件、环境现状及用地需求分析，对庄河市示范区海绵城市功能区进行划分，确定不同功能区海绵城市建设重点。

④ 从示范区的 7 个汇水分区出发，针对不同分区，分析其空间条件和规划用地布局，从水生态、水安全、水环境、水资源方面构建庄河市示范区的海绵系统。从径流控制、河道生态岸线打造、防洪防涝体系、污染负荷削减、雨水资源利用等方面，按海绵分区制定不同的海绵管控指标和控制策略。

⑤ 对庄河市示范区海绵城市建设的适宜性进行识别，对近期的工程建设进行重点分析，确定海绵城市建设的重点工程方向以及适宜的海绵城市建设设施。同时，从海绵型建筑与小区、海绵型道路与广场、海绵型公园与绿地、河湖水系生态修复以及相关基础设施方面确定庄河市第五片区近期海绵城市建设方案，为近期海绵城市建设与实施提供指导。

⑥ 提出指标落地和项目实施完成后的保障措施，包括组织保障、制度保障、资金保障、能力建设等部分。建立庄河市第五片区海绵城

市领导工作小组以保障庄河市第五片区海绵城市建设的顺利实施；落实海绵城市规划管控制度、投融资制度等实现庄河市第五片区海绵城市建设项目的全过程管理；在资金保障方面，发挥政府资金杠杆作用，同时鼓励社会资本投入，保障海绵城市建设过程中的资金投入；通过实施人才保障、科技保障，完善应急管理制度，进行相关平台建设，加强庄河市第五片区海绵城市能力建设。

3.4.3 海绵城市设计理念与创新

3.4.3.1 设计理念

庄河海绵城市提出以“RIVERS”为设计理念。第一，示范区位于庄河三河入海口处；第二，庄河的地名中包含一个“河”字；第三，示范区海绵城市建设，主要是围绕水系河流来构建示范区的大海绵雨水控制系统。“RIVERS”系统全面地诠释了庄河海绵城市建设的地点、名称与内涵。

设计理念“RIVERS”中第一个R代表Rain，在海绵城市中主要体现对雨水的控制设计；I代表Innovation，主要体现庄河海绵城市的创新性；V代表Variety，体现海绵城市建设中各种设施的多样化、多元化状态；E代表Ecology，体现海绵城市设计中的生态理念；第二个R代表3R原则，即减量化（reducing）、再利用（reusing）和再循环（recycling）三种原则的简称，主要体现海绵城市的低碳及循环经济性；S代表Sponge，呼应主旨即海绵城市建设。这六大理念组合在一起形成的“RIVERS”设计理念，呼应海绵城市建设的主体。

3.4.3.2 创新设计

以“RIVERS”设计理念为基础，形成了庄河示范区海绵城市建设的八大创新点。

（1）北方海绵

庄河市不仅为北方城市，而且其还位于黄海海岸，本身具有独特的地域性特点。示范区针对北方海绵提出了三个创新点：第一，夏季汛期为庄河市的主要降雨期，降雨强度较大，海绵城市设计为夏季降雨提供足够的容蓄空间；第二，针对北方城市的河流水系存在不同水期的特点，设计中结合景观设计，充分考虑在丰水期与枯水期不同时期的景观效果，设计选取独特的北方植物，形成不同时期不同景观的效果；第三，北方城市存在冬季降雪情况，涉及融雪剂的使用，示范区海绵城市设计了足够的降雪堆存空间，避免使用融雪剂造成水体的污染，同时提高水资源的利用和循环。

（2）滨海海绵

示范区南临黄海，属于填海造地形成，建设中规划先行，对现状地形的填挖进行精确计算，避免重复建设。示范区南临黄海，易受到潮水顶托影响，涨潮时间内排水系统无法外排，设计中充分研究地块的潮水起落，根据涨潮时间，设计地块内的容蓄工程，根据落潮时间设计示范区的排水工程，本示范区的建设为沿海城市的排水防涝提供了实际经验。

（3）控规海绵

海绵城市专项设计在控规基础上进行总体调整，并形成针对具体地块的设计引导指标，为控制性详细规划提供具有指导意义的设计条件及控制指标。

（4）量化海绵

海绵城市设计中应用了 SWMM、ARCGIS 等软件，通过对雨水降雨过程的模拟及数据的统计，系统设计了雨水的排水系统，并计算雨水的净化率，为海绵城市建设提供了量化的数据依据。

（5）弹性海绵

针对庄河市的降雨条件及示范区本身的现状情况，设计了蓄排结合的雨水控制规划，体现了海绵城市对雨水系统的弹性控制。

（6）自然海绵

示范区的功能定位为养老片区，区内以生态性、经济性为原则，以近自然的植被及生态景观为主，并采用当地的植被乔木，建设自然生态的海绵城市。

（7）中水海绵

示范区内部的景观河湖水系来源为污水处理厂排放水源，通过对示范区及污水处理厂的湿地水系增加硝化、反硝化及叠水等净化设施，对污水处理厂的排放水体进行净化处理，达到景观安全用水水质，并引入到城市的中心湿地，保护了片区内的水生态环境，增强了水资源的循环利用。

（8）景观海绵

通过海绵城市的设计，将景观与海绵城市的具体设施结合设计，在满足海绵城市的雨水控制设计的同时，对原有城市景观起到提升的作用，将水安全工程和城市景观系统完美地结合在一起。

3.5 海绵城市空间格局构建

3.5.1 设计原则与思路

3.5.1.1 设计原则

海绵城市建设—低影响开发雨水系统构建的基本原则是规划引领、生态优先、安全为重、因地制宜、统筹建设。

（1）规划引领

庄河市在落实海绵城市建设中，始终以规划先行，后续工作根据规划理念落实海绵城市建设、低影响开发雨水系统构建的内容，体现规划的科学性和权威性，发挥规划的控制和引领作用。

(2) 生态优先

庄河市在规划中确定了蓝线和绿线的范围，并对原有河流、虾池、坑塘、沟渠等水生态敏感区进行系统恢复和梳理，优先利用自然排水系统与低影响开发设施，实现雨水的自然积存、自然渗透、自然净化和可持续水循环，提高水生态系统的自然修复能力，维护城市良好的生态功能。

(3) 安全为重

以保护人民生命财产安全和社会经济安全为出发点，在城市建设中考虑潮水顶托和暴雨潮叠加的因素，考虑内涝治理方案，综合采用工程和非工程措施，消除安全隐患，增强防灾减灾能力，保障城市水安全。

(4) 因地制宜

根据本地的自然地理条件、水文地质特点、水资源禀赋状况、降雨规律、水环境保护与内涝防治要求等，对地块内部进行河道梳理，科学规划和选用下沉式绿地、植草沟、雨水湿地、透水铺装进行源头控制，河道成为水系统运输干道，并建设人工湖作为内涝防治容蓄空间，结合潮位情况，设置排洪口，建设一个因地制宜的灰绿结合、渗排蓄一体的海绵系统。

(5) 统筹建设

庄河市地方政府结合城市总体规划，筹建海绵城市政府办公室，严格落实各层级、各项目中确定的低影响开发控制目标、指标和技术要求。从规划设计到统筹建设，形成一体的海绵城市服务组织体系。

海绵城市整体理念模型图如图 3-12 所示。

3.5.1.2 总体设计思路

(1) 总体设计

总体设计主要从以下三方面考虑海绵城市建设。

① 80%（34.9mm）雨量控制设计（源头控制） 主要依靠各个地块内的 LID 海绵设施，通过源头控制和中途传输进行滞留下渗和

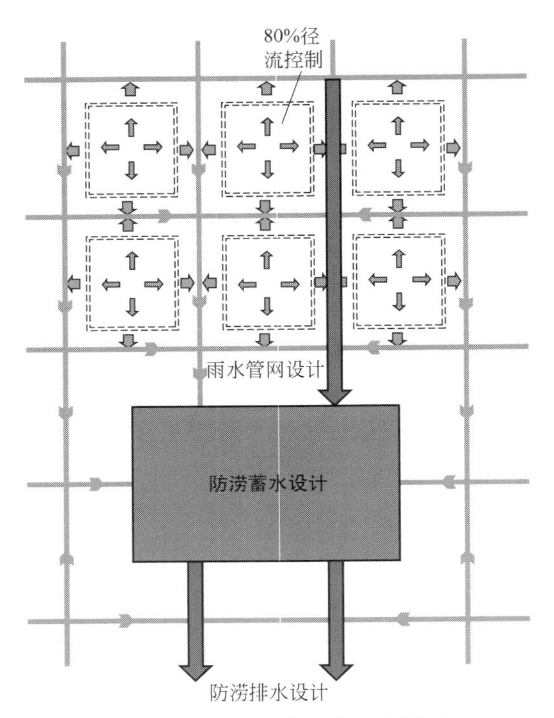

图 3-12 海绵城市整体理念模型

回收利用。

② 3 年一遇雨水管网设计（末端调蓄） 对于超过控制的雨水量设计以“绿＋灰”雨水管网系统形式排放，设计主要以《庄河东侧城市组团（二）控制性详细规划—2017》及《大连庄河市海绵城市专项规划（2016—2030）》所规定的雨水管线为基础，针对海绵城市的设计要求，进行系统调整。

③ 20 年重现期雨水防涝设计（防洪排涝） 20 年超标雨水通过泄洪通道进入到区域内的蓄洪空间，再通过排水渠进行排放，考虑海水顶托的时间设计蓄洪水体的蓄流量。

(2) 雨水径流过程方案设计

① 地块内部的降雨通过植草沟、下凹绿地、雨水花园等 LID 设施净化滞留后溢流到市政雨水管网。

② 市政雨水管网收集地块内溢流雨水及经过初期弃流的市政路面上的雨水，就近汇入到河流水系等蓄留排放空间。

③ 中央水系收集周围地块的超标雨水，景观生态岸线及生态湿地的净化最终排入到中心湿地公园。

海绵城市建设采用源头削减、中途转输、末端调蓄等多种手段，通过渗、滞、蓄、净、用、排等多种功能措施，建设各种功能型单元，有效缓解城市内涝、削减城市径流污染负荷、节约水资源、保护和改善城市生态环境，实现建设具有自然积存、自然渗透、自然净化功能海绵城市的总目标。本项目海绵城市建设技术路线如图 3-13 所示。

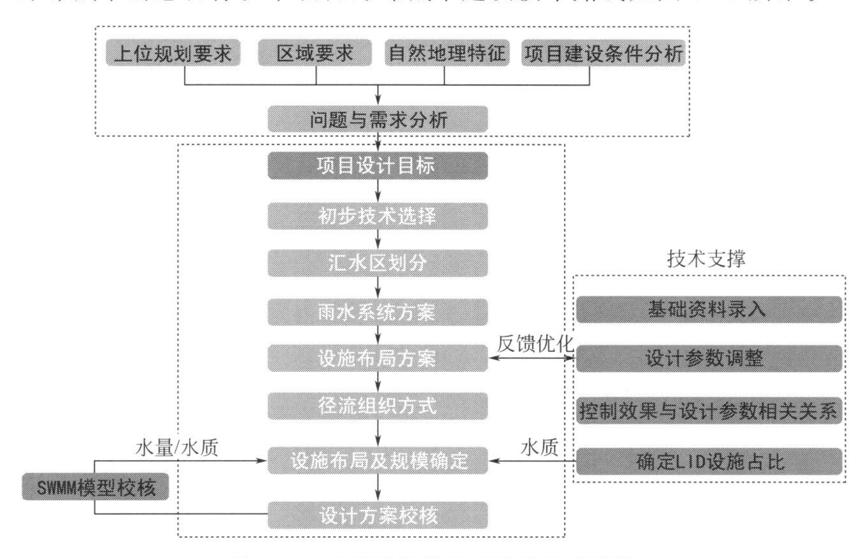

图 3-13 本项目海绵城市建设技术路线

3.5.2 海绵城市设施适应性分析

3.5.2.1 评价因子选取原则

(1) 可行性

客观选择的评价因子，能较好地度量示范区内海绵城市措施选择可行性，因子内容简单明了并具有较好的操作性。

（2）代表性

影响示范区海绵城市措施的评价因子很多，选取其中影响大、具有典型代表意义的因子，避免相同或相近的变量重复出现，使指标体系简洁易用。

（3）区域完整性

由于人类活动暨资料获取受到行政区划的强烈影响，在进行海绵城市措施因子选取时，需贯彻区域完整性原则。

3.5.2.2 评价因子选取

依据选取原则，结合庄河市示范区的实际情况，选取了土地条件、土地利用和生态环境三个影响因素作为主要因素进行分析（见表 3-7）。其中土地条件因素包含地形坡度和土壤类型两个因子；土地利用选取用地性质作为考虑因子；生态环境选取水源地的保护作为主要因子。

表 3-7 海绵城市措施选取评价因子

因素	评价因子
土地条件因素	高程、坡度
	土壤地质
土地利用因素	用地性质
生态环境因素	水源保护地
	洪水淹没区

海绵城市措施大致分为“渗、蓄、净、滞”四种模式，不同的影响因素对其工作效率有不同的影响，甚至不合理的措施选择会导致措施失效甚至造成不必要的污染和损失。土地条件因素是海绵措施选取评价的重要内容。一般地，土地条件因素受坡度和土壤分布等方面的影响，坡度条件影响地表径流的速度，不同土壤类型的下渗能力不同，对不同海绵城市的措施产生不同的效率影响。坡度越平缓越利于

“渗、蓄、净、滞”各种措施的有效的工作，达到控制径流总量的目的，随着坡度的增加，“渗、滞”措施的效率会降低而不宜采用。“渗”作为海绵城市建设的一项重要的技术措施，其受土壤下渗率因素影响较为严重，因此选择土壤地质分布作为一项分析因子。

城市中不同性质的用地降雨时产生的雨水径流条件不同，并且不同用地性质的雨水调控目标不同，城市雨水分区排水作为雨水排放的重要管控规则，不同用地性质对于措施的选取具有重要参考意义，因此选取用地性质作为海绵城市措施选取分析因子。

海绵城市建设目标是营造一个生态安全的水环境，环境因素作为海绵城市措施选取的重要因素，庄河市海绵城市示范区水资源量比较紧张，随着未来社会经济的发展，水资源供需矛盾将日益凸显，因此水源的保护显得格外重要，海绵城市措施选取应当对水源地生态保护做充分考虑。

3.5.2.3 因子分析

(1) 土地条件因素

根据国土资料，示范区内地形坡度及土壤类型作为海绵城市措施选取因子的重要分析依据。

根据国内外实践经验表明，地形坡度选取与各项措施效率具有显著的相关性，一般坡度越大，“渗、滞”措施效率越低，一般坡度以8°和15°为分界线区分高低（见表3-8），因此按照坡度大小对区域进行分值赋值，如图3-14所示。

表3-8 坡度因子评分方法

选择性评分/分	30	70	100
坡度/(°)	＞15	8～15	＜8

示范区范围内坡度大部分小于8°，可采用“渗、蓄、净、滞”全部的海绵城市措施，地形优势较好，只有少部分沿山体部分坡度较大不宜采用“渗”措施，示范区外围山体部分坡度较大，不宜采用

“渗、滞”措施。

对于海绵城市，海拔高程越高，雨水存留时间越短，下渗强度越

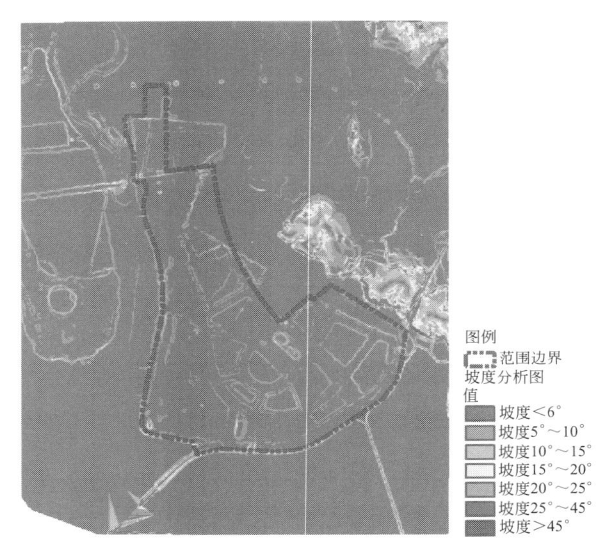

图 3-14 坡度因子分布图

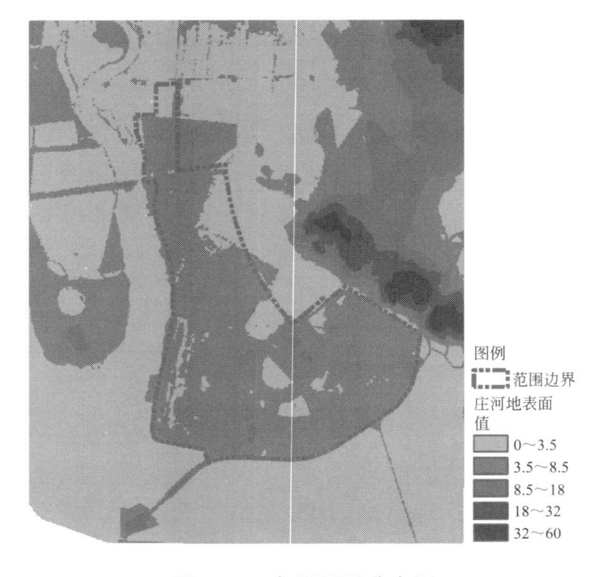

图 3-15 高程因子分布图

差，滞留难度越大。因此按照高程大小对区域进行分值赋值，如图 3-15 所示。

示范区范围内高程大部分小于 8.5m，基本可以采用“渗、蓄、净、滞”全部的海绵城市措施，地形优势较好，只有少部分外围沿山体部分坡度较大不宜采用“渗”措施，示范区外围山体部分高程较大，不宜采用“渗、滞”措施。

示范区范围内坡度大部分小于 8°、高程大部分小于 8.5m，基本可以采用“渗、蓄、净、滞”全部的海绵城市措施，地形优势较好，只有少部分外围沿山体部分高程坡度较大不宜采用“渗”措施，示范区外围山体部分高程坡度较大，不宜采用“渗、滞”措施。

(2) 土壤质地因素

土壤地质因子是土地条件因素里另一项重要内容。土壤类型评分依据土壤类型进行赋值，如表 3-9 所列。

表 3-9 土壤类型评分方法

选择性评分/分	30	70	100
土壤类型	沼泽土	草甸土	棕壤、潮棕壤

示范区大部分范围内土壤质地因子的分值较低，不适合做“渗”措施，若回填土壤选择渗透系数较高的土壤，则可因地制宜的布置下渗的雨水控制措施。

(3) 土地利用因素

用地性质中对海绵城市措施影响最大的是工业用地，流经工业用地的雨水径流具有一定的污染性，“渗”措施的采用会导致地下水源的污染，因此“渗”措施应避开工业用地。示范区内没有工业用地，结合庄河市北方气候条件下冻融情况的影响，在示范区内除城市道路用地外，可根据具体情况推广使用“渗”的措施技术。

(4) 生态环境因素

海绵城市建设中，区域内若存在水源地及其他保护区等重要生态节点、保护节点，应充分重视，在海绵城市措施选取中，尽量避免“渗”措施，尽量考虑净化雨水，以避免水污染影响水安全的构建，同时避免雨水下渗破坏保护建筑及保护区。

建设中区域内的地势高低起伏，存在积水节点和雨水的淹没范围，见图 3-16。海绵城市建设中需要结合实际情况将薄弱节点作为雨水的汇集点，结合下渗及滞留净化的措施进行建设。

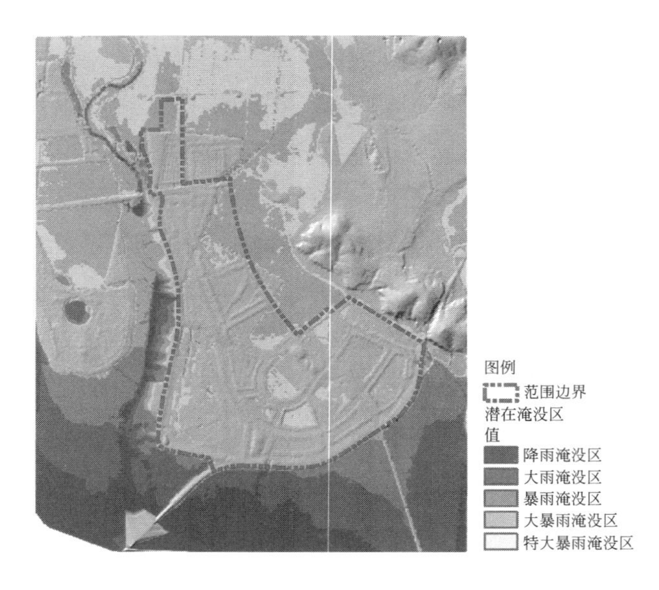

图 3-16 洪水淹没范围图

3.5.2.4 总体结果

按照加权综合叠加法，对庄河示范区内海绵城市措施选择评价形成最终分析结果，如图 3-17 所示。

通过数据叠加分析，示范区内海绵城市措施的适建区域评价值作为建设依据，评价值越高越适宜建设，评价值越低则越不适宜使用渗透技术。

对于适宜建设区范围内可采用包括“渗、蓄、滞、净”等所有海绵城市建设的低影响开发措施，在措施选取上不受地形、环境等限

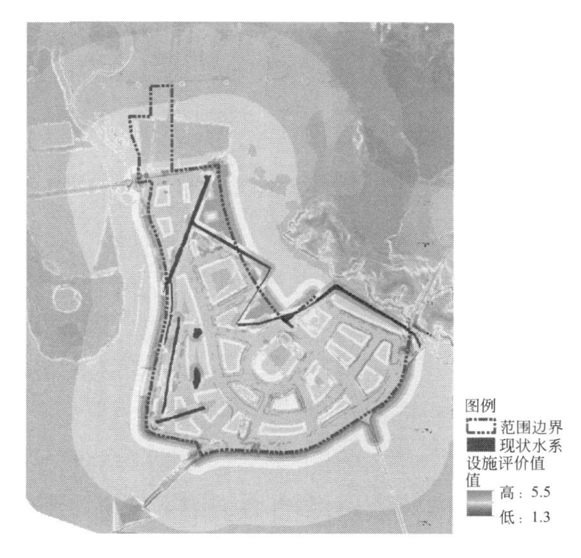

图 3-17 海绵城市措施选取评价图

制，可达到最大效率利用；有条件建设区内一般存在土壤下渗能力较差或具有一定的下渗污染风险等，在海绵城市措施选取上尽量不考虑“渗”的措施，着重考虑“蓄、滞、净”等措施；限制建设区内限制条件较多，对于这些区域尽量考虑“净”处理。

海绵城市措施选取上以 GIS 分析为基础，逐步形成与区域生态系统相协调的海绵城市措施选取机制。有效保护自然地貌、植被、水系、湿地等生态敏感区域，形成完整的“渗、蓄、滞、净、用”等低影响开发技术体系。城市低影响开发措施的新建或改造，则以海绵城市措施选取分析为基础，打造雨水花园、生物滞留池、屋顶绿化、透水铺砖等海绵体系统，提高示范区范围内的径流量控制能力和污染净化能力。

3.5.3 空间格局构建

3.5.3.1 海绵城市总体布局

庄河市示范区海绵城市建设采用源头削减、中途转输、末端调蓄等多种手段，通过“渗、滞、蓄、净、用、排”等多种功能措施，建设各种功能型单元，实现城市的“海绵”功能。

路面雨水低影响开发系统：由于冻融的问题，北方城市设计透水路面效益比较差，示范区内的城市道路海绵城市建设就是道路径流雨水通过有组织的汇流与转输，经截污等预处理后引入道路红线内、外绿地内，并通过设置在绿地内的以雨水渗透、储存、调节等为主要功能的低影响开发设施进行处理。

3.5.3.2 低影响设施方案

示范区海绵城市整体建设，优先利用生态树池、生物滞留设施、透水铺装、植草沟、雨水花园、下沉式绿地等“绿色”措施来组织排水，以“慢排缓释”和“源头分散”控制为主要规划设计理念，通过对道路竖向及横坡的优化改造、对现有绿化带及人行道的改造，在道路上形成城市的一级“海绵体”减少径流总量；通过对现有排水管网与排水系统的改造，减少溢流污染，增加过水断面，增强城市防洪排涝能力。

3.5.3.3 相关设施方案

海绵城市建设需要对人行道和绿化带进行“海绵化”改造，并对道路的竖向及横坡进行优化改造，庄河示范区海绵城市从顶层设计，形成从汇水、渗水、蓄水、滞水、净水以及排水一个完整的海绵系统。

示范区内相关基础设施建设包含规划区内的水系建设、道路系统及海绵设施改造建设，城市公园及绿化用地景观海绵设施建设等几个部分。

在海绵城市的建设过程中，根据海绵城市总体设计对原控规道路重新调整，道路绿化带进行拓宽设计，统筹建设道路管网与排水系统，在路边设置沿街绿化带与生态明沟，形成生态明沟、雨水管网与城市水系的复合排水系统，作为庄河海绵城市的特有的海绵系统。

建设主要“海绵”功能型单元有生态树池、生态滞留区、生态植草沟、透水铺装、砂滤系统、前置塘等。

(1) 生态滞留区

将道路红线内的绿化用地改造为下凹式绿地，汇集机动车道及步行路上的雨水，经过过滤拦截、沉淀及初期弃流等海绵设施流入绿化带内的生物滞留带进行净化和转运，汇入街头雨水花园内，雨水花园内设溢流井，通过溢流井将超标雨水导入街外生态明沟，然后流入雨水管网，最终汇入城市中央水系。

(2) 生态树池、生态植草沟

将城市内的广场、路边等地的树池等改造为生态树池，对雨水进行汇集下渗，并起到净化作用，整个场地通过植草沟形成整体的排水系统。

生态植草沟采用下沉式设计，两侧的种植土下设置过滤织物，底部设置卵石过滤层、生态滞留土，保留现状乔木，地被采用芒草、美人蕉等适应性强或耐水湿的乡土植物。

城市雨洪较大时，水流通过路缘石上预留的排水孔汇入生态植草沟底部。一部分雨水向下渗透、净化，进入城市地下水系统；另一部分雨水在植草沟内形成径流，经过水生植物的滞留、净化，进入高一级的生态雨洪处理系统，如城市人工湿地、雨水花园以及雨水箱等。

(3) 透水铺装

在人行道、停车场等处采用透水性铺装材料，材料主要为天然石子、透水性地坪、透水路面、透水陶瓷路面砖、透水混凝土等。透水性路面下面是经特殊处理的砂石层，多孔隙的结构使路面的水能迅速下渗入地下泥土。透水铺装可以起到保留水分，缓解城市扬尘、降低地面平均温度，减轻城市热岛效应等作用。

3.5.3.4 构建海绵空间格局

根据示范区用地性质、地形地貌，针对基地内现有河流走向以及道路进行系统改造，在 LID 技术的基础上，将雨水管理与净化管网相结合，重新梳理河道形状。建设沿河、沿路景观，重点优化居住区内“海绵景观”。该海绵系统形成了“两轴五区多节点”的景观格局，见图 3-18，使其满足国家海绵景观标准的同时兼备观赏性与实用性。

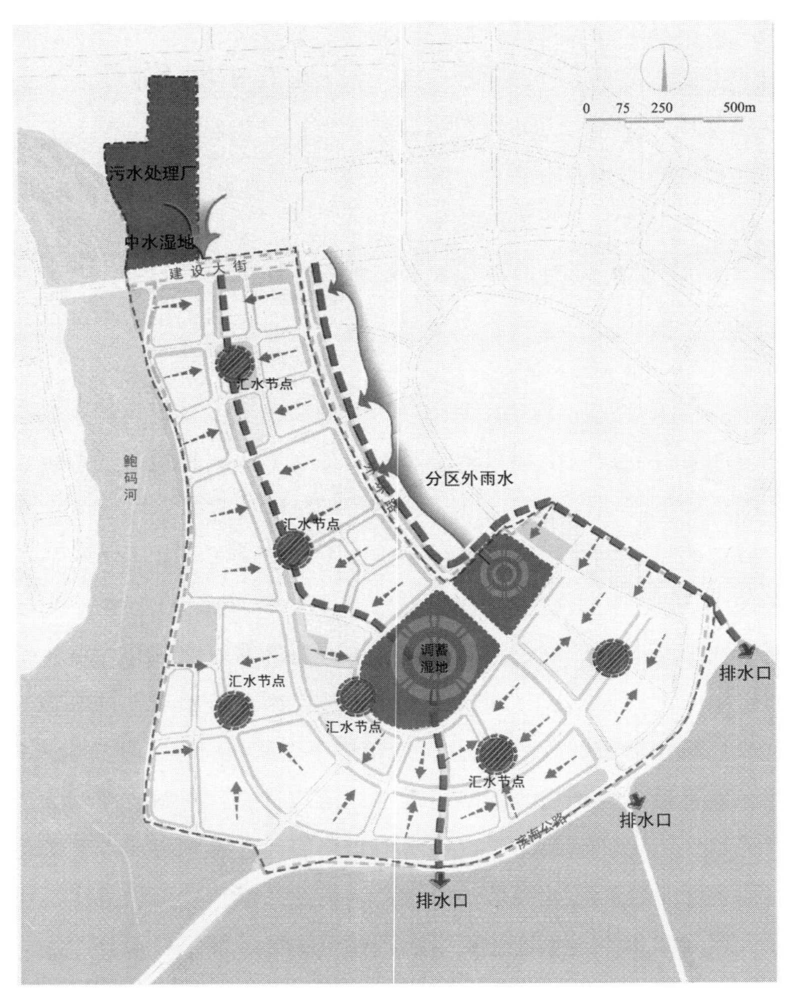

图 3-18 示范区海绵城市总体布局

示范区内分为七个汇水分区，每个汇水分区内形成一个汇水节点。

区外东侧为农田用地，该部分区域雨水受坡度、下渗影响，会有部分过量雨水对示范区产生影响，区外东侧设置排水拦截通道，将过量雨水从南侧排水口排入黄海。

北侧污水处理厂排出的污水经过地块北侧中水湿地的净化，流入地块内部的排水管网（景观河湖），成为示范区内景观河和中心湖平时的景观水源，过量的雨水、景观水则通过南侧排水口汇入黄海。

示范区内部四通八达的排水管线连接各个汇水节点，汇入调蓄湿地，并将超容雨水通过南侧排水口汇入黄海。

雨季受到风暴潮同时影响，在涨潮期间，雨水可经排水管网蓄存在示范区内的中心调蓄湿地，以保证城市的水安全。

3.6 海绵城市系统规划设计

3.6.1 海绵城市管控分区划分

3.6.1.1 划分原则

① 海绵城市建设管控分区应以自然地形为基础，对于汇水分区需考虑高低、内外、主客关系，结合海绵城市要求进行分区。

② 示范区海绵城市建设管控分区以河渠、河网水系为边界，根据区内地形高低、汇水面积大小、现状雨水管网等因素具体细分各分区。

③ 海绵城市建设管控分区综合考虑了土地类型、土地现状和区域生态功能区划等因素，并与建设指标分解有效结合。

④ 海绵城市建设管控分区同时考虑水利及行政区划管理要求，便于海绵城市指标落实和后期管理。

3.6.1.2 海绵城市建设管控分区

以城区自然汇水分区条件为基础，综合考虑土地利用情况和生态功能区划，同时适当考虑控规单元划分，将示范区划分为7个管控分区，具体见表3-10。

表3-10　海绵城市建设管控分区一览表

名　称	面积/hm^2	主要用地性质
第一汇水分区	30.0776	居住、商业、体育
第二汇水分区	35.9845	居住、医疗
第三汇水分区	35.2143	居住、公共管理
第四汇水分区	42.0140	居住、教育
第五汇水分区	25.2473	商业、公园
第六汇水分区	37.3708	居住、公园、商业
第七汇水分区	13.1887	污水处理厂

3.6.2　水生态体系规划

水生态工程运用低影响开发和生态学的理念，最大限度地保护原有的河流、湖泊、湿地等水生态敏感区，维持城市开发前的自然水文特征；同时，控制城市下垫面不透水面积比例，最大限度地减少城市开发建设对原有水生态环境的破坏。

水生态体系分为径流控制工程和河流生态建设两部分。径流控制工程通过构建低影响开发雨水系统，在场地开发过程中采用源头、分散式措施维持场地开发前的水文特征，达到80%的径流总量控制目标；河流生态建设工程通过对示范区内系统梳理的河湖水系硬质化驳岸进行生态恢复，逐步达到生态岸线比例50%的控制目标。

3.6.2.1　径流控制工程

示范区依据土地情况、生态区划将总用地划分为七个汇水分区，见图3-19，对各个汇水分区分别提出年径流总量的控制引导指标，考虑到规划区外围汇水对规划区的影响，将整个区域汇水进行统一研究，整体达到既定的80%控制目标。污水处理厂属于特殊类别，在海绵城市建设中，需要单独系统应对研究，因此在海绵城市系统数据中，其单独计算。示范区内各汇水分区的雨水控制指标详见表 3-11。

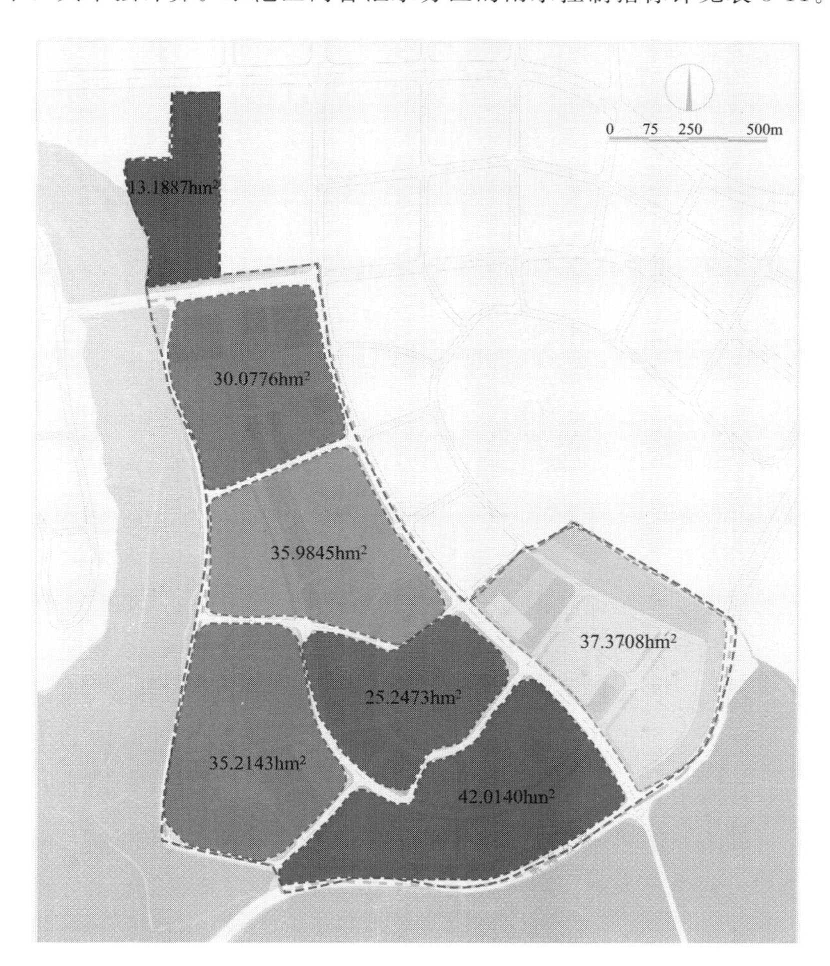

图 3-19 示范区汇水分区设计图

表 3-11 雨水控制指标

指标数值 分区编号 引导性指标	分区Ⅰ	分区Ⅱ	分区Ⅲ	分区Ⅳ	分区Ⅴ	分区Ⅵ
下凹式绿地面积/hm²	3.68	3.6	4.05	5.6	4.6	5.87
绿色屋顶断接面积/hm²	2.9	4.6	5.45	3.25	3.25	4.49

续表

指标数值 分区编号 引导性指标	分区Ⅰ	分区Ⅱ	分区Ⅲ	分区Ⅳ	分区Ⅴ	分区Ⅵ
需控制容积/万立方米	1.06	1.22	1.19	1.49	0.95	1.30
下渗及蒸发量/万立方米	0.4	0.45	0.43	0.65	0.45	0.71
调蓄容积/万立方米	0.57	0.74	0.76	0.83	0.46	0.40
年径流总量控制率/%	81	77.5	77.6	81.2	86.2	81.9

3.6.2.2 河流生态建设工程

示范区通过河湖湿地滨岸带生态保护和修复，保障水生态和城市生态的连续性和完整性。设置滨岸生态带和植被缓冲带，滞缓和削减雨水径流，削减进入水体的城市面源污染。与河道污染防治，河湖基底建设等一同构建健康、完整、科学的水生态系统。

(1) 河道线性海绵处理

河道线性海绵设计即河道总体平面设计的海绵化生态处理。传统城市开发建设中，河道滨水地带不断被建设用地侵占，水面越来越少，河道越修越窄，为了泄洪需要，保证过水断面，只好将河道取直、挖深河床，强化驳岸，生态功能逐渐衰退，河道基本成为泄洪渠道，与可持续发展的战略相悖。生态化的海绵岸线，恢复天然形态河道，宜弯则弯，宽窄结合，避免线形直线化。

自然蜿蜒的河道和滨水地带为各种生物创造了适宜的生境，是生物多样性的生态基础。河湾、凹岸处可以提供生物繁殖的场所，洪峰来临时还可作为生物的避难场所，为生物的生命延续创造条件。丰富多样的水际边缘效应是其他生态环境所无法替代的，在有条件的河段，增加一些湿地、河湾、浅滩、深潭、沙洲等半自然化的人工形态，既增添了自然美感，又利用河流形态的多样性来改善生境的多样性，从而改善生物群落的多样性。相对于直线化的渠道，自然曲折的河岸设计能够提高水中含氧量，增加曝气量，因此也有利于改善生物的生存环境。

从工程角度，自然曲折的河道线形能够缓解洪峰，削减流水能量，控制流速，也减少了对下游护岸的冲刷，对沿线护岸起到保护作用。退地还河、滨水地带的恢复，在河道断面上留有余地，不需采用高强结构形式对河滨建筑进行保护。顺应河势，因河制宜，无疑在生态性还是经济性方面都是有利的。

(2) 河道断面海绵处理

河道断面的选择除要考虑河道的主导功能、土地利用情况外，还应结合河岸生态景观，体现亲水性，尽量为水陆生态系统的连续性创造条件。在河道断面的选择上，应尽可能保持天然河道断面，在保持天然河道断面有困难时，按复式断面、梯形断面、矩形断面的顺序选择。不同的过水断面能使水流速度产生变化，增加曝气作用，从而加大水体中的含氧量。多样化的河道断面有利于产生多样化的生态景观，形成多样化的生物群落。例如在浅滩的生境中，光热条件优越，适于形成湿地，供鸟类、两栖动物和昆虫栖息。积水洼地中，鱼类和各类软体动物丰富，它们是肉食性候鸟的食物来源，鸟粪和鱼类肥土又促进水生植物生长，水生植物又是植食鸟类的食物，形成了有利于鸟类生长的食物链。深潭的生境中，由于水温、阳光辐射、食物和含氧量沿水深变化，所以容易形成水生物群落的分层现象。

示范区河道断面主要考虑以下几种形式。

① 梯形断面。梯形断面的河道在断面形式上解决了传统矩形断面水陆生态系统的连续性问题，但是亲水性较差，陡坡断面对于生物的生长有一定的阻碍，而且不利于景观的布置，而缓坡断面又受到建设用地的限制。示范区仅在南侧排洪道处进行设置，满足泄洪需求的同时又兼顾了生态效应。

② 复式断面。复式断面在常水位以下部分可以采用矩形或者梯形断面，在常水位以上部分可以设置缓坡或者二级护岸，这样在枯水期流量小的时候，水流归主河道，洪水期流量大，允许洪水漫滩，过水断面陡然变大，所以复式断面既解决了常水位时亲水性的要求，又

满足了洪水位时泄洪的要求，为滨水区的景观设计提供了空间，而且由于大大降低了驳坎护岸高度，结构抗力减小，护岸结构不需采用浆砌块石、混凝土等刚性结构，可以采取一些低强度的柔性护岸形式，为生态护岸形式的选择提供了有利条件。示范区部分河道形式采取该种断面。

③ 天然河道断面。示范区在人类活动较少的区域，在满足河道功能的前提下，尽量保持天然河道面貌，使原有的生态系统不被破坏。在河道建设的过程中，也应避免断面的单一化。

（3）河道生态护岸

传统的河道护岸在材质方面大多采用混凝土及浆砌块石等硬质材料，整个护岸形成一个封闭的体系，犹如给河道穿上了一层盔甲，只考虑河道安全性，忽视了对河流环境和生态系统及其动植物及微生物生存环境的影响。地下水与河水也不能及时地沟通，水循环过程被隔断，河道变成了只进不出的封闭水体。

生态河道的建设中，生态护岸是通过使用植物或植物与土工材料的结合，具备一定的结构强度，减轻坡面及坡脚的不稳定性和侵蚀，同时实现多种生物的共生与繁殖，具有自我修复能力、净化功能、可自由呼吸的水工结构。河道生态驳岸改造可参考河道生态驳岸改造示意图 3-20～图 3-23。

图 3-20 河道生态驳岸改造示意（一）

目前一些有效的护岸设计方法包括土工格栅边坡加固技术、干砌护坡技术、利用植物根系加固边坡的技术、渗水混凝土技术、石笼、生态袋、生态砌块等方法。

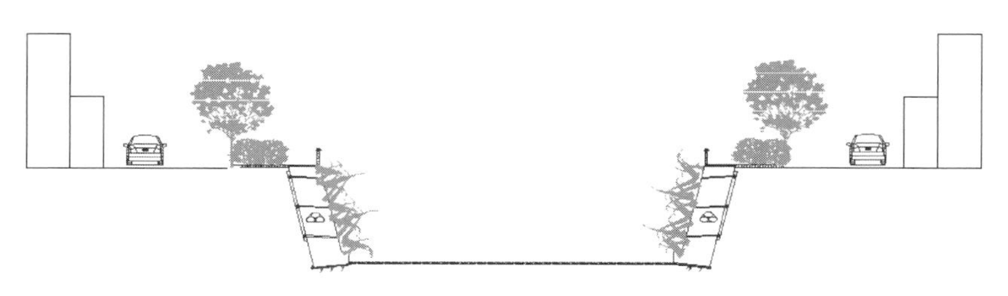

图 3-21 河道生态驳岸改造示意（二）

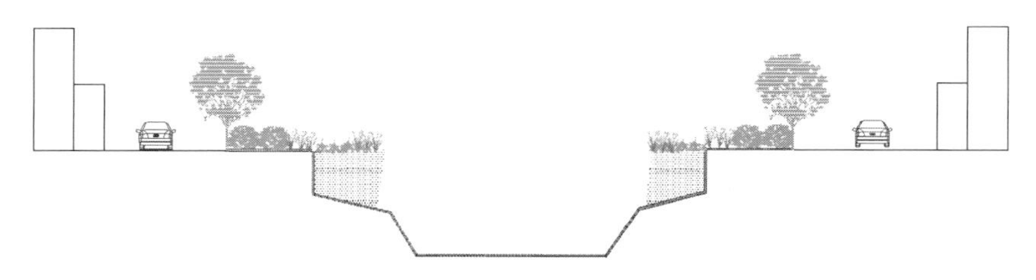

图 3-22 河道生态驳岸改造示意（三）

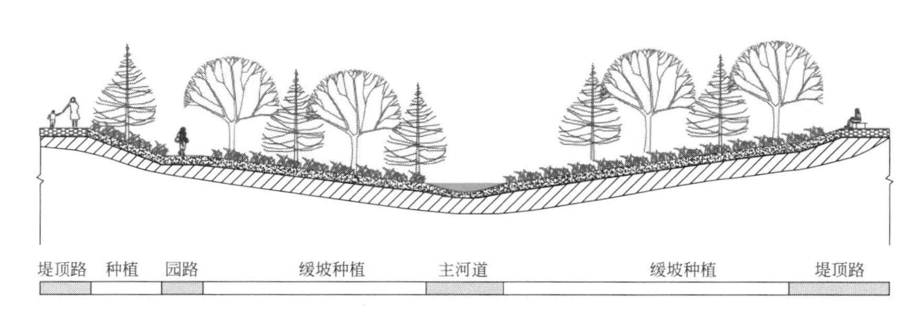

图 3-23 河道生态驳岸改造示意（四）

这些结构的共同点如下。

① 具有较大的孔隙率，护岸上能够生长植物，可以为生物提供栖息场所，并且可以借助植物的作用来增加堤岸结构的稳定性。

② 地下水与河水能够自由沟通，所以能够实现物质、养分、能量的交流，促进水汽的循环。

③ 造价较低，不需要长期的维护管理，具有自我修复的能力。

④ 护岸材料柔性化，适应曲折的河岸线型。但是生态护岸也有一些局限性，选用的材料及建造方法不同，堤岸的防护能力相差很

大，所以要根据不同的坡面形式，选择不同的结构形式。坡面较缓的河段，可以选择生态砌块、土工格栅等柔性结构；而坡面较陡的河段，可以选择干砌块石、石笼、渗水混凝土等半柔性的结构。生态护岸建造初期强度普遍较低，需要有一定时间的养护，以便植物的生长，否则会影响到以后防护作用的发挥。施工有一定的季节限制，常限于植物休眠的季节。

3.6.3 水安全体系规划

示范区防洪排涝总体格局以示范区中心水系和中心湿地公园为基础和重点，通过构建“蓄泄协调、工程措施与非工程措施联合运用”的现代化防洪减灾保障体系，以满足城市50年一遇防洪要求和20年一遇暴雨要求。

3.6.3.1 雨水管道布局

示范区对雨水管网以3年一遇的降雨标准进行设计，提高标准。

充分利用地形及示范区内河流，就近排入河流，避免形成较大规模的雨水排除系统。直接排入河道及排水明渠的雨水系统末端尽可能采用明渠、明沟出流。

雨水采用雨污分流管网收集，建立屋面—路面、绿地—景观、河渠—区域河道的雨水集蓄、利用系统，详见图3-24。

布设雨水管道时单侧方沟收水面积不大于25hm^2，单侧管收水面积不大于12hm^2。

河流水系是排水系统的主干网，在常水位1m的基础上为满足20年的防涝要求，规划了河流水系的容水量，主干网水系增加1.5m深、5m宽的容水量。雨水管网设计如图3-24所示。

在排水系统整体设计后，通过SWMM模型对雨水管网进行模拟验证（见图3-25）。以初步构建的地表分区为基础，依据城市雨水管

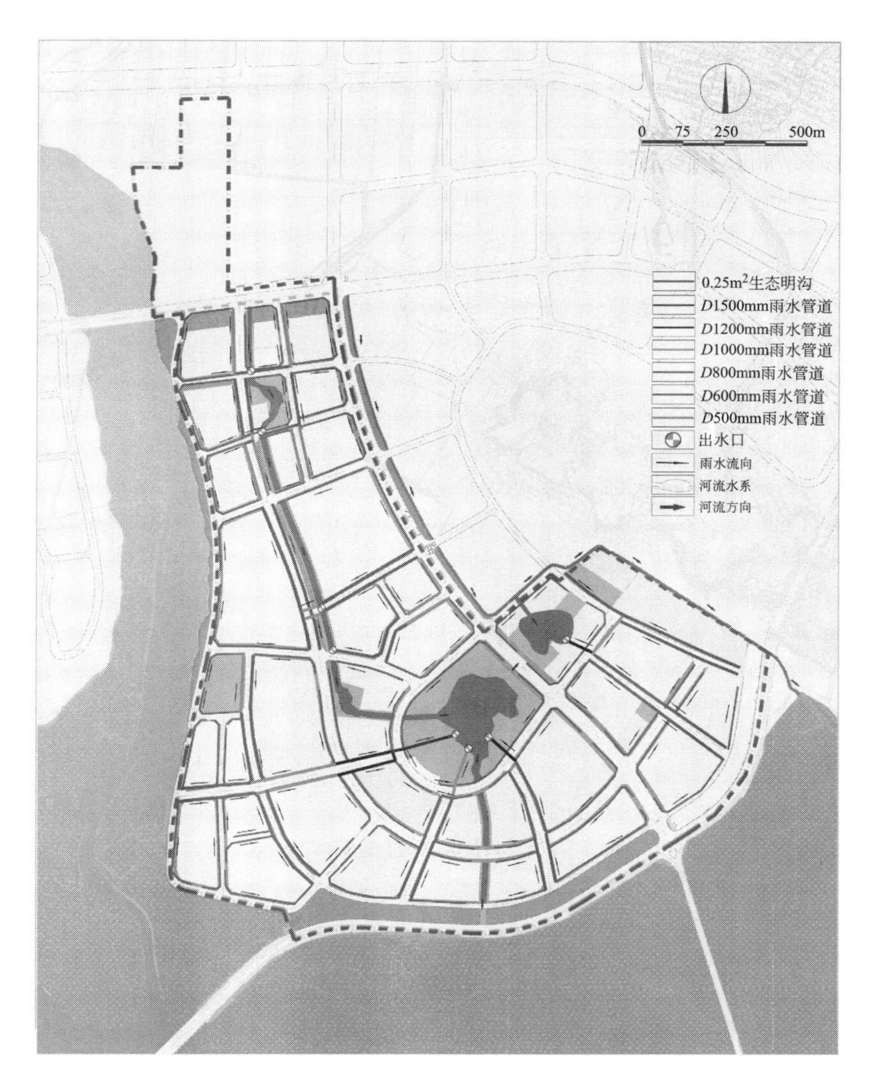

图 3-24 雨水管网设计图

网规划而构建模型。模型共划分为 306 个子汇水区域，子汇水区域占地面变化范围为 0.22～8.35hm²，218 个雨水口，218 段雨水管道，管径变化范围在 1200～2400mm，8 个末端出水口。

经过模拟设计的雨水管线与生态明沟系统，在遇到重现期为 3 年

15min的集中降雨情况下，没有发生管段超载和节点积水的现象，所设管径满足预期的要求，模拟结果合理。

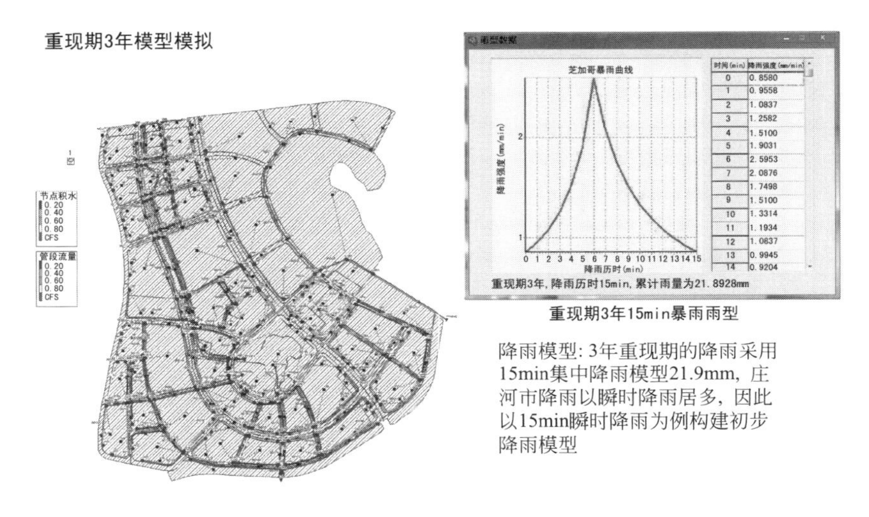

图 3-25 雨水管网 SWMM 模拟图

3.6.3.2 平面与竖向控制规划

地面高程（竖向高程）是对城市防洪排涝起决定作用的。合理地控制城市用地竖向高程，是规避内涝风险，防治城市内涝最为有效的手段之一，是从源头上降低城市内涝风险的方法。

根据《庄河市主城区排水（雨水）防涝规划（2013—2030）》的控制标准，规划雨水的行洪通道，在极端暴雨条件下，市政排水管网满负荷时，规划设计雨水的行洪走向，并以此为依据重新规划地表平面标高以及道路行洪通道的竖向标高（见图 3-26），设计各个地块平面标高比相邻道路提升 20mm，通过计算模拟，对局部道路进行加宽设计后，满足了相关的排水标准，使得在 20 年一遇 1h 的极端暴雨情况下，道路至少一条机动车道淹没高度不超过 15mm。

3.6.3.3 防洪排涝设计

示范区位于鲍码河入海口，现状用地大部为填海造田，地势低

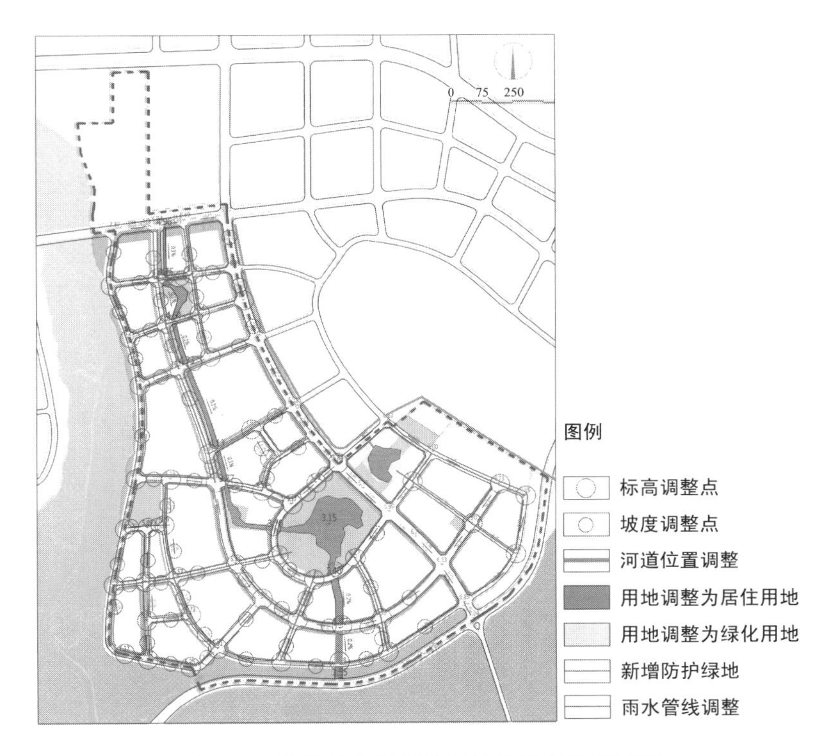

图 3-26 道路竖向根据海绵城市模拟后调整图

洼，在海绵城市设计中遇到海水顶托情况时，雨水难以排入地块外时，示范区内设置了足够的蓄水空间，防治暴雨内涝的形成。

通过对庄河市潮位变化研究后，对内涝的防治没有采用 20 年重现期的 24h 降雨计算蓄水能力，设计以 6h 集中降雨计算最大蓄水能力，以最小 4h 排水计算水系排水能力，以 1h 集中降雨计算河道及排洪系统的排洪能力。以 20 年重现期 6h 182mm 的降雨构建降雨模型，计算河流水系湿地空间的蓄水容量，确定湿地蓄水空间的大小及深度。

示范区 20 年重现期 6h 降水，总降水量 23.2 万立方米，源头控制削减约 6 万立方米，末端调蓄空间需 17.2 万立方米。依据大排水方向及汇水分区的划分，海绵城市规划对原控规的道路标高进行了调整，详见图 3-27。

庄河潮位标高转移

设计水位(1985年国家高程基准)
设计高水位:2.46m;
设计低水位:−2.70m;
极端高水位:3.14m或3.90m(50年重现期);
极端低水位:−4.94m(50年重现期);
100年一遇极值高水位:3.95m(100年重现期);
100年一遇极值低水位:−5.49m(100年重现期)。

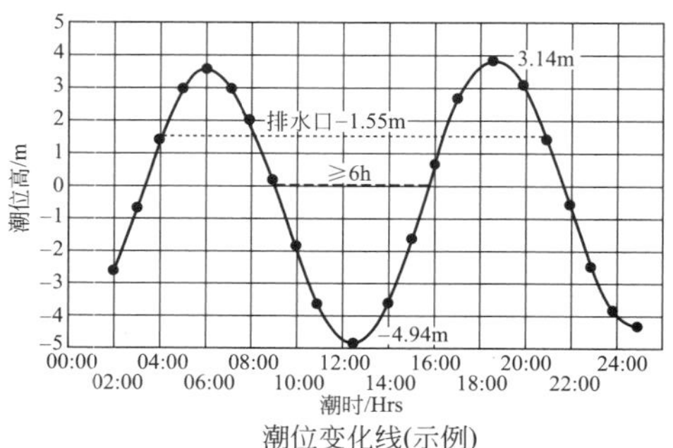

潮位变化线(示例)

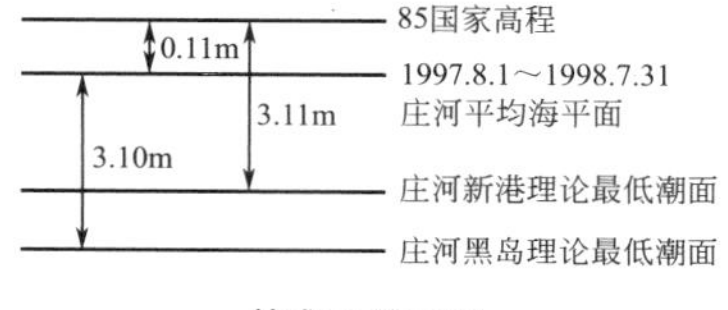

基准面关系图

设计对内涝的防治没有采用20年重现期的24h降雨计算蓄水能力，设计以6h集中降雨计算最大蓄水能力，以最小4h排水计算水系排水能力，以1h集中降雨计算河道及排洪系统的排洪能力

图 3-27　潮位分析图及蓄水排水时间计算图

根据 20 年 12h 的蓄水量，对河道标高进行了计算，上游河道平时作为景观水系，坡降较缓设定为 0.1%，为加大排水流速，排水段水系坡降为 0.2%。

20年重现期降雨模型模拟

节点积水
0.20
0.40
0.60
0.80
CFS

管段流量
0.20
0.40
0.60
0.80
CFS

常位水面

蓄洪水面

雨型数据

芝加哥暴雨曲线

降雨强度/(mm/min)

降雨历时/min

重现期20年，降雨历时360min，累计雨量为136.1844mm

降雨模型：设计以20年重现期6h 182mm的降雨构建降雨模型，计算河流水系湿地空间的蓄水容量，确定湿地蓄水空间的大小及深度。规划区20年重现期6h降水，总降水量23.2万立方米，源头控制削减约6万立方米，末端调蓄空间需17.2万立方米

图 3-28　20 年重现期降雨 SWMM 模型模拟图

示范区以中心湿地公园为主要蓄水节点，城市公园为辅助蓄水节点，水系廊道为汇水排水通道，实现 20 年重现期降雨 6h 内 23.2 万立方米的雨水完全蓄存。20 年重现期降雨 SWMM 模型模拟如图 3-28所示。同时设计在 4h 内将全部蓄洪水体排放干净，闸口的排放流速为 1.34m/s，排水明渠的排放流速为 0.21m/s，明渠的流速小于 0.8m/s。经过计算验证，规划的排洪水系可以在 4h 以内排出 23.2 万立方米的蓄洪水体。排洪体系设计及计算详见图 3-29。

排洪体系设计

排洪沟的设计流速按照流速大小选用的不同材质的沟底沟壁，明渠的最小流速为0.4m/s，但水深为0.4～1.0m时，最大流速可按照下表取值。

明渠类别	最大设计流速/(m/s)
粗砂或低塑性粉质黏土	0.8
粉质黏土	1.0
黏土	1.2
草皮护面	1.6
干砌块石	2.0
浆砌块石或浆砌砖	3.0
石灰岩和中砂岩	4.0
混凝土	4.0

本次设计中的排水闸口按照3m×4m的断面设计。

$$v_{闸}=\frac{V_{总}}{HA_{排}}=\frac{232000\text{m}^3}{14400\text{s}\times 12\text{m}^2}=1.34(\text{m/s})$$

本次设计中的排水明渠按照30m宽0.2%的坡降断面设计，计算平均高度为2.5m。

$$v_{排}=\frac{V_{总}}{HA_{排}}=\frac{232000\text{m}^3}{14400\text{s}\times 2.5\text{m}\times 30\text{m}}=0.21(\text{m/s})$$

式中 $v_{排}$ —— 闸口流速；
$V_{总}$ —— 总排水体积；
H —— 排水时间；
$A_{排}$ —— 闸口截面面积

设计在4h内将全部蓄洪水体排放干净，闸口的排放流速为1.34m/s，排水明渠的排放流速为0.21m/s，明渠的流速小于0.8m/s。经过计算验证，规划的排洪水系可以在4h以内排出23.2万立方米的蓄洪水体

图 3-29 排洪体系设计及计算图

当遇到超过 3 年重现期的降雨情况出现时，雨水的排放超过了雨水管的排放负荷时，规划大排水行洪通道系统，通过道路系统的竖向设计，快速有效地将超标雨水排放到蓄洪设施中，见图 3-30。

泄洪通道系统遵循的主要原则如下。

(1) 外水截留

保证东北侧汇水区红线以外的雨水不进入到地块内部，以截洪沟进行截流控制。

(2) 内水快排

示范区内的超标雨水尽快排走，示范区内以中心湿地公园为主要

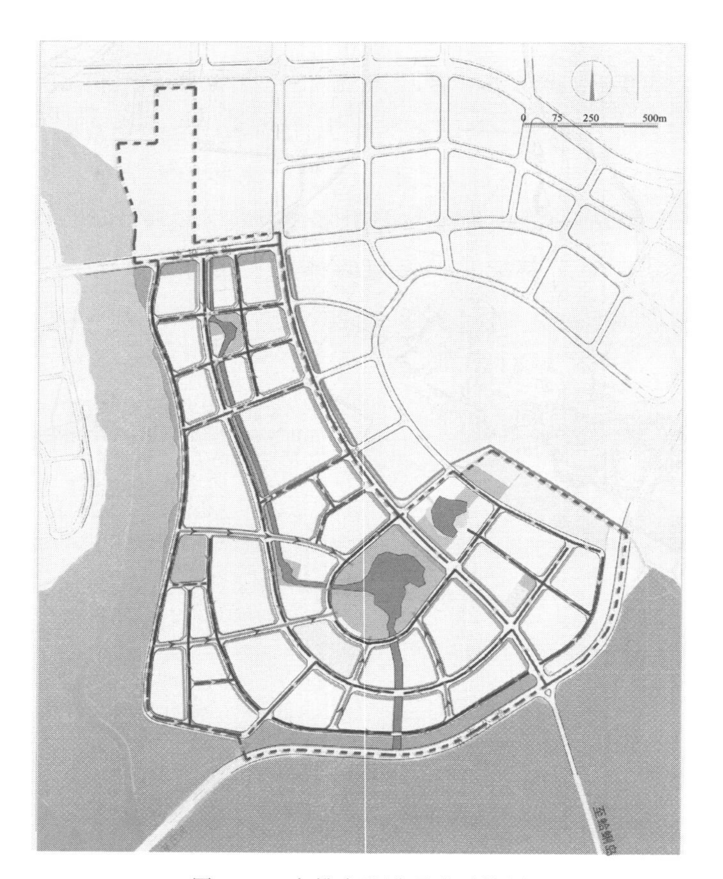

图 3-30 大排水泄洪通道系统图

蓄水节点，城市公园为辅助蓄水节点，水系廊道为汇水排水通道，实现 20 年重现期降雨 6h 内降水完全蓄存，蓄存雨水可在低潮位 4h 内全部排空。

(3) 分区排水

减少分水各区之间的影响。

示范区以 20 年重现期 1h 暴雨强度 62.2mm 降雨构建模型，庄河市降雨以瞬时降雨居多，因此以 1h 瞬时降雨构建初步降雨模型，计算河流水系的排水容量，以及道路行洪通道的排水深度。并以 SWMM 模型对大排水行洪通道进行验证，模拟中以通道内一条车道淹没深度不超过 15cm 为标准，以排水分区为基础，依据城市雨水管网规划而构建模型。

通过模拟，在遇到重现期为 20 年 1h 的集中降雨情况下，有积水节点现象（见图 3-31），发现管段 349 超载和节点 572 积水，需对此条道路进行排水通道加宽调整，计算模拟见图 3-32。

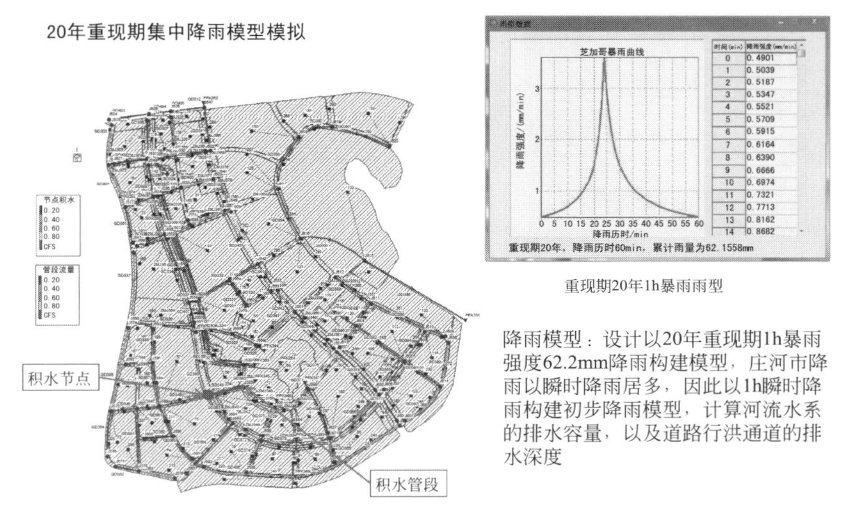

图 3-31　20 年重现期集中降雨 SWMM 模型模拟图

设计中将原有道路加宽 3m（路边增加 3m 道路绿化带），进行重新模拟，检验结果没有发生超载和积水现象，满足设计要求（见图 3-33）。

3.6.3.4 强化供水安全

（1）落实水资源调配，健全供水安全保障体系

坚持以水定需、量水而行、因水制宜，全面落实最严格的水资源管理制度，不断强化用水需求和用水过程治理，评估水资源开发利用潜力，促进水资源合理配置，优化供水安全保障体系，实现全市供水管道联网联供，加快形成区域“多源联网、互调互济、城乡联动、区域连片”的供水格局；加快应急和备用水源地建设，建立水源地突发

20年重现期模型模拟

对20年1h集中降雨径流的模拟发现管渠349、节点572发生超载现象，需对此道路进行排水通道加宽设计

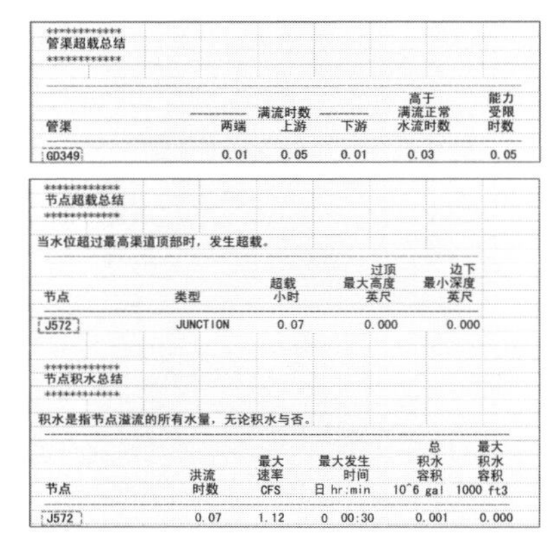

****
管渠超载总结
****

管渠	满流时数 两端	满流时数 上游	满流时数 下游	高于满流正常水流时数	能力受限时数
GD349	0.01	0.05	0.01	0.03	0.05

****
节点超载总结
****

当水位超过最高渠道顶部时，发生超载。

节点	类型	超载小时	过顶最大高度英尺	边下最小深度英尺
J572	JUNCTION	0.07	0.000	0.000

****
节点积水总结
****

积水是指节点溢流的所有水量，无论积水与否。

节点	洪流时数	最大速率 CFS	最大发生时间 日 hr:min	总积水容积 10^6 gal	最大积水容积 1000 ft3
J572	0.07	1.12	0 00:30	0.001	0.000

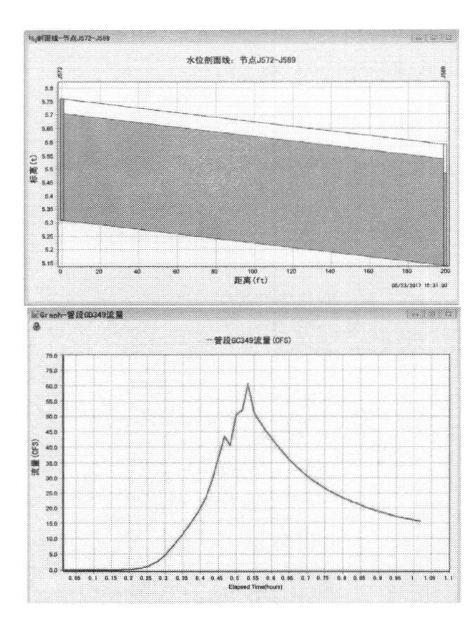

图 3-32 20年重现期集中降雨SWMM模型模拟图

设计将管渠349加宽3m(路边增加3m防护绿化带)，进行重新模拟检验；检验结果没有发现管渠或节点超载积水，模型参数设定满足排水设计需求

****
节点超载总结
****

没有节点超载

****
节点积水总结
****

没有节点发生积水

****
排放口负荷总结
****

****
管渠超载总结
****

没有管渠超载

节点积水
0.20
0.40
0.60
0.80
CFS

管段流量
0.20
0.40
0.60
0.80
CFS

图 3-33 道路扩宽后SWMM模型模拟图

事故时应急方案，保障水源地安全；实施供水设施保障工程，保障供水安全；加快河网水系工程和水库、山塘、调蓄湖的建设工程；开展小型农田水利基本建设，提升农田水利标准化；实施现代农业生态工

程，保障当地农业用水安全；通过核心区生态补水工程、生态湿地建设工程和河道生态修复工程，降解河道污染物，提升河网水质，保障生态基流量；鼓励再生水、雨水、海水淡化等非常规水源的开发利用与分质供水，建立健全的农村饮用水长效管理机制。

（2）落实节水优先，保障水资源的可持续利用

坚持以水定城、以水定地、以水定人、以水定产，以最严格水资源管理制度为准则，遵循区域用水总量控制和用水效率控制两条红线，不断推进生活节水管理，提高水资源综合利用效率；实施农业用水总量控制与定额管理，建设节水灌溉工程，推行先进节水灌溉技术，建立节水型现代农业；以建立节水型工业为目标，以企业为节水主体，加大以节水为重点的产业结构调整和技术改造力度，强化工业节水管理，积极倡导节水型企业建设。增加中水、雨洪资源等非常规水源开发利用，增加水资源有效供给，以示范工程带动非传统水资源的推广利用，全面实现节水型社会建设的各项指标。

3.6.4 水环境体系规划

示范区实行严格的雨污分流体制，从源头上实现雨水和污水的彻底分离，城市点源污染物将全部通过污水厂处理后达标排放，城市面源污染物可通过海绵城市—低影响开发系统得到控制，以最终实现污水不进河，初雨无污染，河道水质不低于Ⅳ类，不劣于海绵城市建设前的目标。

3.6.4.1 径流面源污染控制

城市地表径流中的污染物主要来自降雨径流对城市地表的冲刷，地表沉积物是城市地表径流中污染物的主要来源。具有不同土地使用功能的城市，其沉积物来源不同。庄河市地表沉积物主要由城市垃圾、大气降尘、街道垃圾的堆积、动植物遗体、落叶和部分交通遗弃物等组成。

(1) 径流污染物浓度分析

雨水径流污染变化具有随机性和复杂性，不同下垫面、不同降雨条件、不同时间均与径流污染浓度密切相关。总体而言，初期雨水径流污染较为严重，有的甚至超过生活污水。悬浮物（SS）、化学需氧量（COD）、总氮、总磷等是城镇雨水径流中的主要污染物。国内不同城市功能区降雨径流中的污染物浓度相关研究成果见表 3-12。

表 3-12 不同用地类型降雨径流中污染物均值

采样点特征		SS/(mg/L)	COD/(mg/L)	TN/(mg/L)	TP/(mg/L)	作者	文献参考资料文献名
所在城市	用地类型						
北京	小区道路	734	582	11.2	1.74	李海燕等	《LID措施在道路雨水利用工程中的应用》
	市区路面（涉及5区7街）	—	205.7	8.29	0.28	杨龙等	《城市径流污染负荷动态更新研究》
	文教区机动车道路	82.02	219.95	6.39	0.49	董欣等	《城市降雨屋面、路面径流水文水质特征研究》
	新增不透水地表	539	276.4	7.00	0.61	李立青等	《北京市新建城区不透水地表径流N、P输出形态特征研究》
上海	交通区	1325.75	596.74	26.82	1.17	王和意	《上海城市降雨径流污染过程及管理措施研究》
	商业区	579.25	366.28	22.73	1.23		
	工业区	394.26	200.22	17.95	0.93		
	居民区	359.81	144.37	23.29	0.74		
广州	居住、交通区	439	373	11.71	0.49	甘华阳等	《广州城市道路雨水径流的水质特征》
	交通、住宅用地为主	158	51.7	1.22	0.145	贺涛等	《快速城市化地区典型城市路面径流污染试验及特征分析》
	交通用地为主	125	77.9	2.03	0.258		

续表

采样点特征		SS /(mg/L)	COD /(mg/L)	TN /(mg/L)	TP /(mg/L)	作者	文献参考资料 文献名
所在城市	用地类型						
重庆	住宅区	161	101	3.95	0.36	肖海文	《城市径流特征与人工湿地处理技术研究》
	重庆大学教学区与生活区	242	182	3.27	0.64		
	高速公路	621	375	5.71	2.96		
南昌	交通区路面	480	348	—	1.41	王业雷	《南昌市城区降雨径流污染过程与防治措施研究》
	商业区路面	350	231	—	0.86		
	工业区路面	257	159	—	0.58		
	居民区路面	270	201	—	0.93		
湖州	广场用地	185	65.42	6.42	0.84	刘根等	《湖州雨水径流污染的初期弃流控制技术研究》

由各地监测数据可知，污染物指标在不同城市、不同功能区存在很大的差异性，究其原因主要与城市人类活动的程度，区域内环境质量现状、绿化等情况相关。总体而言，污染指标悬浮物（SS），交通区＞居民区＞商业区＞新工业区；化学需氧量（COD）由于大部分是吸附在固体颗粒上，分布规律与SS基本一致，即最高浓度出现在交通区，最低出现在新工业区；一般而言，总磷（TP）浓度顺序为：居民区＞交通区＞商业区＞工业区，在居民区由于生活活动过程中使用大量的含磷物质及对花草的施肥，这些物质在路面上累积会随雨水进入径流中；工业区的磷来自工业生产产物及工厂周围绿化施肥等；交通区的磷来自机动车辆的排放物和路面植被施肥；商业区的磷来自商业活动产物及植被施肥等。TN浓度普遍顺序为：交通区＞居民区≥商业区＞工业区。

结合庄河市示范区各功能区情况，参考国内城市径流污染浓度监测数据，结合示范区下垫面现状，城市径流污染浓度取值见表 3-13。

表 3-13 不同功能区降雨径流中污染物取值

土地利用类型	用地面积/m^2	单位降雨 SS/(mg/L)	单位降雨 COD/(mg/L)	SS 总量/t	BOD 总量/t
R	691500	220	180	111.97	91.61
B	317600	260	220	60.78	51.43
A	121700	280	240	25.08	21.50
U	136000	210	170	21.02	17.02
S	496900	280	240	102.40	87.77
G	403100	60	30	17.80	8.90
总计	2166800			339.05	278.22

(2) 径流污染削减措施

因地制宜地利用 LID 措施，对雨水径流从源头上、传输过程和终端采取组合的工程措施，削减径流总量、延缓洪峰时间、削减径流污染负荷并最终实现雨水资源化利用的目的。

由于庄河市无当地天然降雨污染物浓度的统计数据，示范区的径流污染分析参考大连市的地表雨水径流中污染物的含量取值。

① 雨水源头控制措施

a. 绿色屋顶——实现滞留雨水，削减产流量，控制屋面污染物的作用。

b. 雨水花园——实现削减洪峰，过滤掉径流中的污染物质。

c. 渗透铺装——改善下垫面渗透性能，在削减径流量的同时，对径流水质具有一定的处理效果。

② 雨水传输过程控制措施。渗滤沟——疏导和过滤雨水径流的设施。

③ 雨水终端控制。人工湿地——作为雨水终端处理的湿地，依托城市景观水体和湿地公园水域建设，雨水在此进行调蓄、净化，污染物在物化以及生物的共同作用下得到降解。

④ 雨水资源化利用。经过人工湿地净化处理的雨水，水质条件

较好，可直接回灌地下水，或作为城市杂用水，或作为景观水体，实现雨水的资源化利用。

（3）径流污染削减

城镇径流污染通过低影响开发设施削减的主要途径有：源头生态削减、终端湿地生态削减等。绿地土壤系统通过人工土层和植物过滤、截留、物理和化学吸附、化学分解、生物氧化以及生物吸收等作用对径流雨水起显著的净化作用。参考相关研究成果，低影响开发设施年SS、COD、TP总量去除率相对较为稳定，一般可达到40%～60%。TN去除率影响因素相对较多，去除率为20%～90%。

湖泊湿地通过种植水生植物，改善水生态系统，辅以一定的水环境综合整治，有效加快恢复自净功能。末端建设生态湿地进行终端削减，以COD为指示性污染物，单位面积生态湿地对COD的削减能力约为4g/(m^2·d)。

经模型模拟，传统开发条件下，试点区域年SS和COD排放量分别为339.05t和278.22t。通过海绵城市建设，分散布置低影响开发设施，实现年径流总量控制率目标控制的同时，有效削减面源污染物。示范区中将面源污染物削减率指标分解至各个地块，实现“地块—排水分区—流域”污染物的削减，如表3-14所列。

表3-14 不同类型用地污染物削减控制标准

土地利用类型	用地代码	SS削减率/%	COD削减率/%
居住用地	R	53.53	55.38
绿地	G	92.16	92.01
商业用地	B	50.70	52.19
次干道	S	47.74	48.76
支路		45.62	46.57
公用设施	U	43.77	40.75
行教文卫	A	49.01	50.33

通过实施一系列的海绵城市建设措施后，有效削减面源污染物的入湖入河总量，提高、改善了示范区内的水质。根据相关资料，确定庄河市规范区降雨径流浓度SS总量为220mg/L，COD为180mg/L，

TN 为 10mg/L，TP 为 1.0mg/L，规划区总悬浮物减少 146t，COD 减少 120t，总氮减少 10t，总磷减少 0.83t，实现规划区内年 SS 总量去除率 55%的目标及水体达到四类水体的标准。

经模型模拟，对不同地块赋予其削减率目标后，试点区域年 SS 和 COD 排放量分别为 146.57t 和 120.41t，从而实现 57%的 SS 削减率和 57%的 COD 削减率。结合试点区域内河道综合整治、水生态修复、湿地的建设，进一步净化示范区北侧上游污水处理厂的排放水源，实现中心湿地公园水体净化目标。

3.6.4.2 径流点源污染控制

(1) 雨污分流改造

点源污染通过完善雨污管路建设进行控制，新建区域实行完全雨污分流。

示范区内建设一条贯通河道，该河道为示范区内主要排水干渠，在河道两侧设置低 LID 初期雨水截流设施，将初期雨水汇入下沉式绿地、植草沟、生态滞留池等雨水调蓄设施，通过自然过滤沉淀，然后排入市政雨水管网或渗入地下。对于雨水排放集中，方便采取雨水截留措施的区域，逐步推进初期雨水截留。

(2) 污水处理设施建设

加快污水处理厂提标改造，将示范区内全部点源污染负荷完全处理，不占用区内水体环境容量。城市点源污染控制和污水处理设施建设结合后，通过污水处理厂内部的湿地净化，变成示范区的景观水源。

3.6.5 水资源体系规划

在城市建设区充分利用湖、塘、库、池等空间滞蓄雨洪水并加以利用，城市市政、农业和生态用水尽量使用雨水和再生水，将优质地表水用于居民生活，在一定程度上缓解市区的水资源短缺问题。示范区内非常规水建设工程包括中水回用工程和雨水资源化利用。

3.6.5.1 中水回用工程

中水回用即城市污水或生活污水经污水处理厂处理后，作为城市给水，回用于农业、工业、市政工程以及生活杂用等方面，是污水资源化、有效地利用水资源的直接措施，也是协调城市水资源与水环境的根本出路，生活污水处理回用，既能减少对水资源缺乏的压力，又能带来一定的经济效益。

示范区的上游新建一处污水处理厂，规模较大并预留深度处理工艺，结合厂区内人工中水湿地的建设，净化后的水质达到回用水水质标准，每天可形成1.5万吨的中水，作为示范区内的景观、市政等工程用水的水源。

示范区污水处理厂拟采用微絮凝—深床直接过滤同步脱氮除磷工艺，即将微絮凝—直接过滤除磷与深床脱氮有机结合的城市废水深度处理方法，具有脱氮除磷效果好、结构紧凑、占地面积小、工艺流程简单、耗能低、多功能等优点。

3.6.5.2 雨水资源化利用途径

雨水资源化利用主要分为集蓄利用和渗透利用两大类。示范区雨水资源化主要用于河道活水、景观水体、道路及广场浇洒、居民冲厕等。

(1) 集蓄利用

雨水集蓄利用从以下四个方面实施。

① 山洪水的集蓄利用　山洪对城市防洪排涝影响严重，示范区外围东侧有几座山体，结合山洪消减开展雨水集蓄利用。

② 居住区、学校、场馆和企事业单位的雨水集蓄利用　开展雨水集蓄利用，结合道路广场、公园、绿地的布局，布置雨水蓄水池、雨水地下回灌系统等工程设施，将收集的雨水用于校园、场馆、单位内部的景观水体补水、绿化、道路浇洒等，可节约城市大量水资源。

③ 湿地、水塘的雨水集蓄利用　结合示范区内的湖体、天然洼地、坑塘、河流和沟渠以及新建人工湿地等，建立综合性、系统化的蓄水工程设施，把雨水径流洪峰暂存其内，再加以利用。

④ 绿地、公园的雨水集蓄利用　示范区内建设有湿地公园、其他的城市公园等绿地资源，绿地、公园是天然的地下水涵养和回灌场所。将雨水集蓄利用与公园、绿地等结合，可用于公园内水体的补水换水，还可就近利用于绿化、道路洒水等。

通过上述四个方面的雨水综合利用，有利于雨洪削减的雨水集蓄利用，城市雨洪携带污染物导致面源污染的控制，并且减小洪峰流量，缓解城市内涝。

（2）渗透利用

渗透利用从以下几个方面实施。

① 生态河道的渗透利用　河道采用“软化型”的生态驳岸，采用“主河床—周期性淹没区—植被过渡区—岸线”结构布置，降低径流面源对河道水质破坏，雨水渗透利用的同时成为景观重要组成部分。

② 生态路面的渗透利用　在示范区大量推广生态下渗路面，主要指人行道区域，因为机动车道路由于冻融问题，路面的基层容易破损，经济合理性差。透水路面可使降雨时雨水对地下水进行补充，提高地下水位。否则当雨水从路面流失到排水管道排泄，使城市变为地表干燥的缺水地区，加重城市扬尘污染，且会溶入大量城市污染物，排入河道后对河道造成污染；暴雨时，雨水排泄不畅，造成洪涝灾害。

③ 生态屋面与广场的渗透利用　在居住区和大型公共建筑、商业区等区域利用屋面雨水，建设屋顶的雨水集蓄和渗透系统。通过生态广场、停车场的建设，增加截留的雨水量。

以绿色屋顶（广场）—雨水花园—雨水调蓄塘—河道的水系组织形式，将雨水先净化后渗透，保障补充地下水水源的水质，减小土壤去除污染物的负荷。

根据庄河市的区域、水域分布特点，雨水综合利用也因地制宜，统筹考虑不同区域的山形地貌河道水系等特点，不同区域采用不同的绿色设施。遵循就近使用原则，考虑工程措施经济性，避免采取更不经济手段去实现雨水资源的利用。雨水综合利用的实施，结合城市片区改造、市政工程、道路管网建设进度，同时有序推进。

3.6.5.3 景观水量平衡设计

庄河市年均降雨量为736mm，海绵城市需达到80%的年均径流量控制率的标准，因此示范区内水系的天然降水补给只有年均降雨的20%，即只有约25万立方米的天然降水可以补给到景观水系，日均补给量为686m^3/d，水系日均蒸发量117.6m^3/d，依靠天然降雨需123d才能补给满景观水体。自1981～2010年降水量总趋势呈逐年减少态势，天然降水的时间具有不确定性，所以本次示范区景观水体的主要来源为上游污水处理厂的净化排放水体。

水系总需水量69724m^3，污水处理厂补水15000m^3/d，平均4.6d示范区内的水系循环一遍，满足水系循环生态需求。规划两处橡胶坝对中心湿地和上游水系的水位进行调节，在河道上游加设叠水拦蓄设施，增加水体含氧量，净化水质。考虑试点区域用水现状及功能定位，结合《庄河东侧城市组团（二）控制性详细规划—2017》，预测试点区域平均日用水量为0.98万立方米/天，日最高用水量为1.3万立方米/天；年用水量为325万立方米/年。

根据试点区域水资源建设目标与指标，试点区域雨水资源化目标为：雨水利用量替代自来水比例为3%。根据供水安全保障规划水量预测结果，试点区域需水量约为0.98万立方米/天。因此，雨水资源化利用量目标为9.75万立方米/年。

城市建设区雨水收集回用可分为屋面雨水收集回用和其他下垫面雨水收集回用。

屋面雨水收集回用即直接收集屋面雨水，经初期雨水弃流及适当处理后进入蓄水池，可回用于浇灌绿地、浇洒道路、补充景观用水、冲厕、洗车、循环冷却补水、消防用水等。屋面作为集雨面集水效率高，并且屋面雨水水质污染较轻，是雨水收集回用的首选，屋面雨水收集量 10.07 万立方米/年。

其他下垫面，如广场、庭院、运动场、非机动车道路、绿地等环境条件较好的地面雨水亦可收集利用。该系统由雨水汇集区（各下垫面）、输水管渠（管道、明渠、暗渠）、弃流、截污装置、储存系统（地上或地下蓄水池）、净化和配水系统等几部分组成下垫面雨水收集量为 3 万立方米/年。

综上所述，示范区年雨水资源化利用量达到 13.07 万立方米/年，满足替代自来水 3%用水量的目标。

3.6.5.4 降雪资源利用规划

庄河市地处北温带，属暖温带湿润大陆性季风气候，具有一定的海洋性气候特征。气候温和，四季分明。历年（1970～2000 年 30 年间，下同）平均气温为 9.1℃，最高气温 36.6℃，最低气温－29.3℃；冬季存在降雪情况。

在海绵城市的设计中，缺少对北方城市积雪情况下的海绵设计，国内寒冷地区冬季的道路以清除冰雪为主，通常采用机械和人工相结合的除冰雪方法，将积雪转运到城市外或使用融雪剂清雪，融雪剂的使用常伴随高投入高污染的负面效应。

庄河市海绵城市规划中将降雪作为雨水资源，规划足够的堆雪空间，将降雪留在示范区内，作为区域内的景观补水及城市用水的来源，由下表蒸发量及降水量对比分析可得庄河市冬季月蒸发量大于月降水量，所以本次规划以暴雪降雪量进行堆雪量计算。

规划以道路路面积雪量计算为主，地块内部的积雪可以以内部绿地作为堆积场地，日本在道路横断面设计中，详细地考虑了降雪因素的影响，得到了积雪地区满足堆雪宽度的道路横断面设计方法，对我国北方寒冷地区横断面设计有很好的借鉴作用。现就日本积雪地区道路横断面宽度的设计方法作为示范区内的道路堆雪设计指导。

一次堆雪宽度计算：

$$W_4=\begin{cases}1.543\sqrt{V_1} & V_1\leqslant 0.722\mathrm{m}^3/\mathrm{m}\\ 0.909V_1+0.655 & V_1>0.722\mathrm{m}^3/\mathrm{m}\end{cases}$$

$$V_1=k_1\frac{P_1}{P_2}h_1\omega_a$$

式中 V_1——一次堆雪量，m^3/m；

k_1——一次堆雪系数；

P_1——新积雪密度，$\mathrm{g/cm}^3$；

P_2——一次雪密度，$\mathrm{g/cm}^3$；

h_1——规划对象积雪深度，m；

ω_a——一次堆雪除雪对象宽度，m，$\omega_a=W_1+W_2+W_3$；W_1 为冬季车道宽度；W_2 为中间路侧带宽度；W_3 为路肩路侧带宽度。

二次堆雪宽度计算：

$$W_5=\begin{cases}2\sqrt{2.25+V_2}-3 & V_2\leqslant 10^3/\mathrm{m}\\ \dfrac{1}{3.5}(V_2+4) & V_2>10^3/\mathrm{m}\end{cases}$$

$$V_2=k_2\frac{P_3}{P_4}h_2\omega_b$$

式中 V_2——二次堆雪量，m^3/m；

k_2——二次堆雪系数；

P_3——自然积雪密度，$\mathrm{g/cm}^3$；

P_4——二次降雪密度，$\mathrm{g/cm}^3$；

h_2——规划对象积雪深度，m；

ω_b——二次堆雪除雪对象宽度，m，$\omega_b=W_1+W_2+W_3+W_4+W_5+W_6$；$W_4$ 为一次堆雪宽度；W_6 为冬季人行道宽度。

一次堆雪宽度是指由新雪除雪作业等把雪暂时堆放到道路一侧时的宽度，二次堆雪宽度是指扩宽除雪作业等长时间堆放积雪时的道路宽度。不同道路红线堆雪量计算情况如表 3-15 所示，道路堆雪断面设计如图 3-34 所示。

表 3-15 不同道路红线堆雪量计算

道路红线宽度/m	车行道宽度/m	人行道宽度/m	降雪厚度/m	人行道一次堆雪量/(m³/m)	车行道一次堆雪宽度/m	人行道一次堆雪宽度/m	二次堆雪总量/(m³/m)	车行道二次堆雪宽度/m	备注
40	12.5	3.5	0.13	0.11	0.97	0.51	2.15	1.19	其中：人行道二次堆雪面积为 0.37m²
30	8	3.5	0.13	0.11	0.77	0.51	1.61	0.93	
24	7	2.5	0.13	0.08	0.72	0.43	1.29	0.76	
18	4.5	2.5	0.13	0.08	0.58	0.43	0.97	0.59	
15	4.5	1.5	0.13	0.05	0.58	0.34	0.80	0.50	

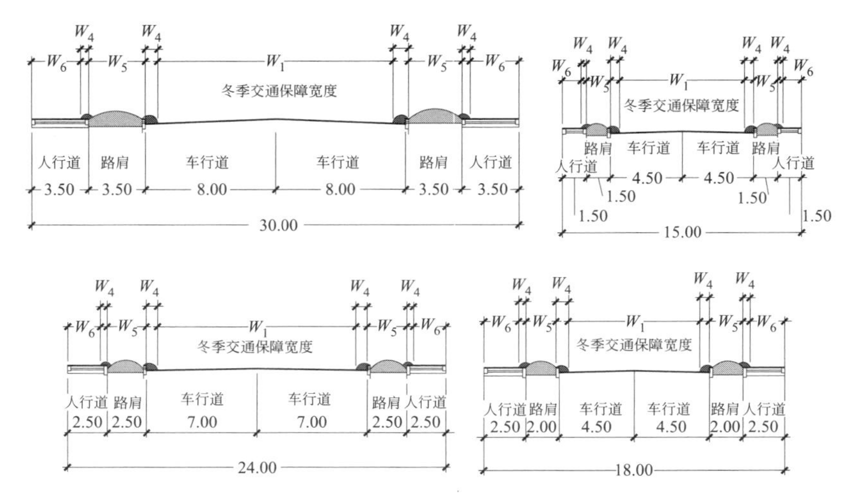

注：冬季车道保障宽度(W_1—冬季行车道，W_2—中间路缘带，W_3—路肩路缘带)；
W_4—一次堆雪宽度；W_5—二次堆雪宽度；W_6—冬季人行道

图 3-34 道路堆雪断面图

3.7 海绵城市管控分区建设指引

3.7.1 海绵城市总体建设指引

庄河市内全面推进海绵城市建设，以示范区为样板，其他区域逐步开展海绵城市建设，涉及水生态系统、水安全系统、水环境系统以及水资源化系统，采用渗、滞、蓄、净、用、排 6 种低影响开发技术，整体达到年径流总量控制率 80%。最终实现“小雨不积水、大雨不内涝、水体不黑臭”的目标。

(1) 水生态方面

示范区整体实现 80%的年径流总量控制率目标。城区严格按照海绵城市建设标准进行建设，低影响开发措施以滞、净、蓄为主，年径流总量控制率目标为 80%以上；

示范区内有改造条件的河湖水系，将硬质化驳岸全部改造为生态化驳岸，河道生态岸线改造结合城市水系综合整治一同实施。

(2) 水环境方面

示范区内近期河道水质不低于Ⅳ类，不劣于海绵城市建设前。远期市区水质优良。海绵城市建设实现污水不进河，初雨无污染。示范区通过源头削减和末端生态湿地等方式，削减城市径流面源污染，近期 SS 削减率达到约 55%。城市低影响开发 SS 削减量约 192.48t/年，COD 削减量约 157.81t/年。

(3) 水资源方面

小区根据情况布置雨水罐等雨水收集设施，新建绿地建设湿塘、人工湿地等进行雨水收集和利用。建成区内充分利用湖、塘、库、池等空间滞蓄、利用雨洪水，城市工业、农业和生态用水尽量使用雨水和再生水，将优质地表水用于居民生活，在一定程度上缓解庄河市区的水资源短缺问题。将城市雨水用作浇洒道路、绿化用水和工业生产，实现近期雨水资源利用率达到2.0%。

(4) 水安全方面

中心城区防洪标准为50年一遇，防涝标准近期20年一遇暴雨。建设标准雨水干管重现期不低于2年一遇。推进城市水系防灾减灾工程建设，保证城市防洪安全，提升城市河网排涝能力。同步建设和完善城市雨水管网系统设施建设，实现城市小雨不积水、大雨不内涝。在饮用水安全方面，构建“水源达标、备用水源、深度处理、严密检测、预警应急”的供水安全保障体系。

海绵城市的实现过程中，应紧密结合四个系统，专项规划与详细规划按照海绵城市总规的指标要求，落实总规中的重要节点并结合地块开发细化单个指标。

3.7.2 海绵城市分区建设重点

示范区内建设项目类型主要包括海绵型道路与广场工程约31.5hm^2、海绵型公园与绿地工程约31.4hm^2、海绵型水系与生态驳岸建设工程约13hm^2、生态明沟约1.7万米与雨水管网8927m等几大类工程。该区域的主要特点是城市新区开发建设，具有较好的海绵设施建设条件。

示范区的海绵城市建设策略主要是结合城市的开发建设同步推进海绵设施建设。主要建设途径包括以下几种。

① 在城市规划阶段充分考虑海绵城市的建设需求，为城市海绵设施的建设预留空间。

② 通过河道水面和两侧生态绿地的控制构建生态廊道。

③ 结合新建住宅、公共建筑建设绿色屋顶、雨水蓄水池、雨水罐等地表径流控制设施和雨水资源化利用设施。

④ 结合新建广场、道路建设透水铺装等地表径流控制设施。

⑤ 结合新建公园和绿地建设下沉式绿地、雨水湿地以及雨水渗透塘、湿塘等地表径流控制设施。

⑥ 通过建设生态湿地、水景公园等实现新开发城区合理的水面率，并提高应对城市内涝的能力。

⑦ 结合城市排水大系统建设雨水调节池等径流峰值控制设施，提升应对城市内涝的能力。

⑧ 通过雨污分流系统和初期雨水截流和处理系统的建设，实现水污染的有效控制。

3.7.3 分区建设控制指标

庄河市示范区海绵城市建设管控分区共 7 个，其中第七分区为污水处理厂建设区，分区指标不予计算。每个分区的建设指引分述见表 3-16～表 3-21。表中下沉式绿地面积指标主要表征分区设施调蓄容积要求，单位面积下沉式绿地调蓄深度按 200mm 计；下阶段指标分解时，根据设施调蓄容积相等进行换算，综合采用湿塘、下沉式绿地、雨水花园等低影响开发措施组合。

3.7.3.1 汇水分区 1 控制指标

该片区汇水面积约为 30.1hm^2，用地以居住、商业用地、体育休闲为主。城区海绵城市建设应因地制宜，其中不规划大面积的蓄洪空间，主要通过源头控制实现雨水的 80%年径流控制率，引导性控制指标如表 3-16 所列，汇水分区 1 用地编码如图 3-35 所示。

表 3-16 汇水分区 1 径流总量控制目标

地块编号	用地面积/hm^2	用地性质代号	建筑密度/%	绿地率/%	下沉式绿地率/%	屋顶断接率/%	透水铺装率/%	植草沟/(L/s)	雨水利用率/%	年径流总量控制率/%	雨水总控制率/m^3
A-01	0.72	G2	0	100	40.00	0	90	6.55	30	96	241.40

续表

地块编号	用地面积/hm²	用地性质代号	建筑密度/%	绿地率/%	下沉式绿地率/%	屋顶断接率/%	透水铺装率/%	植草沟/(L/s)	雨水利用率/%	年径流总量控制率/%	雨水总控制率/m³
A-02	0.37	G2	0	100	40.00	0	90	3.39	30	95	123.73
A-03	0.66	G2	0	100	40.00	0	90	5.98	30	96	220.66
A-04	2.15	B1	25	30	29.96	100	60	67.05	10	73	547.73
A-05	0.66	B1	20	30	29.37	100	30	20.29	10	72	166.70
A-06	1.69	B1	30	25	38.22	100	60	56.07	10	74	436.74
A-07	0.50	S42	0	35	22.06	100	60	13.36	5	75	130.51
A-08	2.47	R2	24	35	24.45	50	30	73.29	10	82	706.09
A-09	0.52	G1	0	100	45.00	0	30	4.69	30	96	173.15
A-10	1.68	A4	20	35	24.06	100	90	49.01	10	72	421.45
A-11	1.97	R2	24	35	24.45	50	40	58.42	10	80	549.07
A-12	1.14	B1	40	25	39.61	100	60	39.31	10	73	291.43
A-13	1.93	R2	20	35	24.06	50	60	56.37	10	81	545.34
A-14	0.34	B41	20	30	29.37	100	20	10.52	10	76	91.27
A-15	2.82	G2	0	100	40.00	0	70	25.63	30	96	945.18
A-16	0.59	G1	0	100	45.00	0	90	5.40	30	96	199.11

注：1. 表中指标为最低限值，实际指标应不小于该数值。

2. 透水铺装率和下沉式绿地率为平均指标，各类型地块根据实际情况进行指标分配。

3. 下沉式绿地率需绿化部门及相关专家确定，实施有困难时，应采用相应的调蓄设施满足单位面积控制容积。

4. 雨水断接是指通过改变屋面雨水径流的途径将其引入建筑物周边透水区域或雨水收集设施（如雨水桶、绿色屋顶、渗透铺装、生物滞留等低影响开发措施）来调蓄雨水。

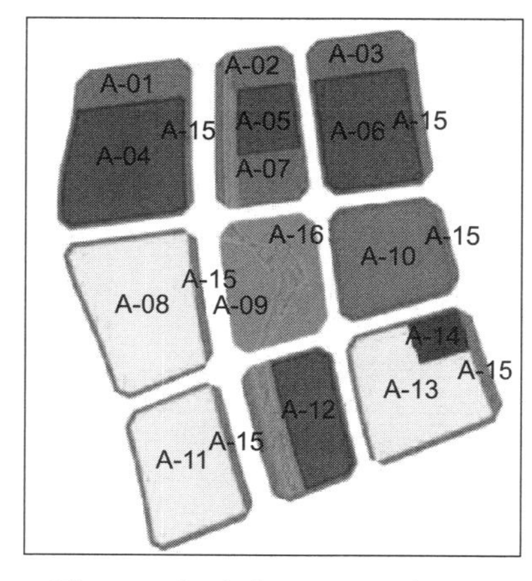

图 3-35 汇水分区 1 用地编码图

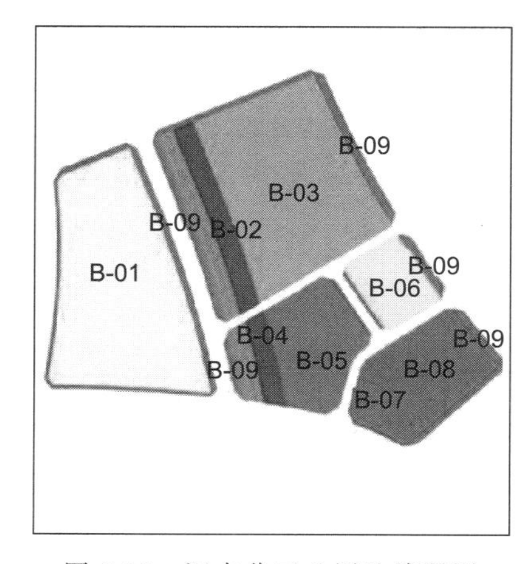

图 3-36 汇水分区 2 用地编码图

3.7.3.2 汇水分区2控制指标

该片区汇水面积约为36hm²，用地以居住、教育和广场用地为主。城区海绵城市建设应因地制宜，其中不规划大面积的蓄洪空间，主要通过源头控制和中途转输实现雨水的80%年径流控制率及排洪防涝规划，引导性控制指标如表3-17所列，汇水分区2用地编码如图3-36所示。

表3-17 汇水分区2径流总量控制目标

地块编号	用地面积/hm²	用地性质代号	建筑密度/%	绿地率/%	下沉式绿地率/%	屋顶断接率/%	透水铺装率/%	植草沟/(L/s)	雨水利用率/%	年径流总量控制率/%	雨水总控制量/m³
B-01	7.97	R1	30	35	25.05	50	60	242.68	10	73	2031.74
B-02	1.17	B1	40	25	39.61	100	60	40.23	10	73	298.26
B-03	7.35	RB	30	35	25.05	50	30	223.53	10	76	1948.27
B-04	0.55	B1	40	25	39.61	100	30	18.89	10	73	140.00
B-05	2.73	A32	30	35	25.05	100	60	83.01	30	76	723.52
B-06	1.52	R2	20	35	24.06	50	60	44.53	10	77	409.49
B-07	0.44	S42	0	35	22.06	0	60	11.81	10	75	115.38
B-08	2.84	A5	20	35	24.06	100	60	82.94	30	81	802.44
B-09	2.72	G2	0	100	40.00	0	90	24.74	30	94	893.57

3.7.3.3 汇水分区3控制指标

该片区汇水面积约为35.2hm²，用地以居住、商业用地为主。城区海绵城市建设应因地制宜，通过源头控制实现雨水的80%年径流控制率，由于没有水系经过地块内部，地块主要通过生态明沟和雨水管网这种“灰—绿”结合的方式实现雨水的排洪防涝安全规划，引导性控制指标如表3-18所示，汇水分区3用地编码如图3-37所示。

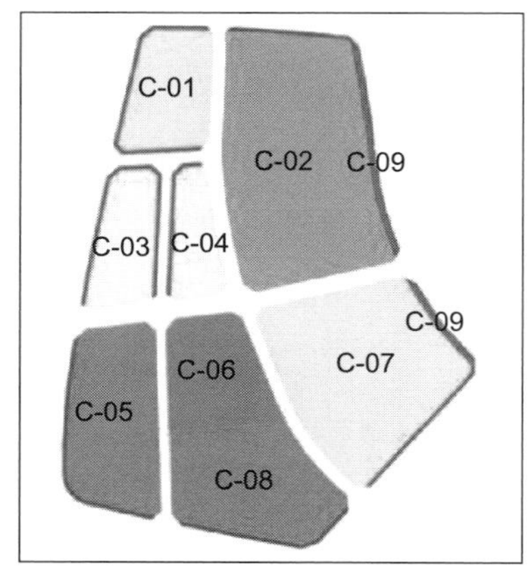

图 3-37 汇水分区 3 用地编码图

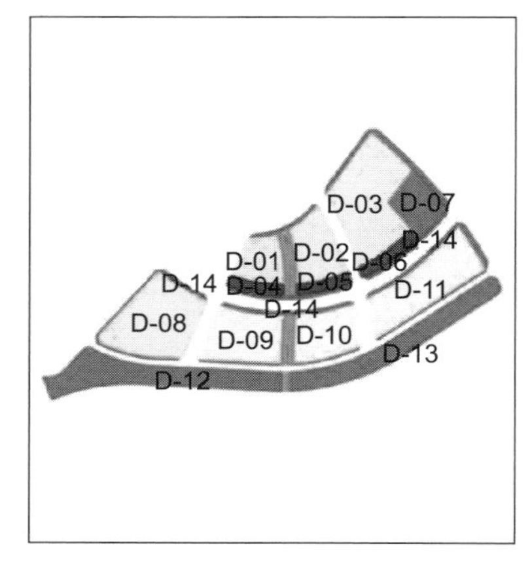

图 3-38 汇水分区 4 用地编码图

表 3-18 汇水分区 3 径流总量控制目标

地块编号	用地面积/hm^2	用地性质代号	建筑密度/%	绿地率/%	下沉式绿地率/%	屋顶断接率/%	透水铺装率/%	植草沟/(L/s)	雨水利用率/%	年径流总量控制率/%	雨水总控制量/m^3
C-01	2.02	R2	24	35	24.45	50	60	59.86	10	75	527.48
C-02	7.42	RB	30	35	25.05	50	30	225.89	10	74	1917.06
C-03	1.70	R1	24	35	24.45	50	60	50.35	10	79	467.36
C-04	1.30	R1	24	35	24.45	50	60	38.57	10	76	344.41
C-05	3.37	B31	40	25	39.61	100	30	115.80	10	76	893.73
C-06	2.22	G1	0	100	45.00	0	90	20.17	30	95	736.21
C-07	5.71	R2	30	35	25.05	50	60	173.75	10	77	1534.34
C-08	3.45	B31	40	25	39.61	100	30	118.61	10	76	915.37
C-09	1.52	G2	0	100	40.00	0	90	13.80	30	95	503.52

3.7.3.4 汇水分区 4 控制指标

该片区汇水面积约为 $42hm^2$，用地以居住用地为主。城区海绵城市建设应因地制宜，通过源头控制实现雨水的 80%年径流控制率，分区内部规划一条排水水系，由于地块面积较大，空间分布较狭长，地块规划两条雨水管网和生态明沟相结合的方式实现雨水的排水系统，引导性控制指标如表 3-19 所示，汇水分区 4 用地编码如图 3-38 所示。

表 3-19 汇水分区 4 径流总量控制目标

地块编号	用地面积/hm²	用地性质代号	建筑密度/%	绿地率/%	下沉式绿地率/%	屋顶断接率/%	透水铺装率/%	植草沟/(L/s)	雨水利用率/%	年径流总量控制率/%	雨水总控制量/m³
D-01	1.22	R2	30	35	25.05	50	60	37.03	10	77	327.02
D-02	1.78	R2	30	35	25.05	50	60	54.18	10	75	466.02
D-03	3.99	R2	30	35	25.05	50	60	121.42	10	75	1044.33
D-04	0.42	B1	30	25	38.22	100	30	13.90	10	73	106.80
D-05	0.41	B1	30	25	38.22	100	30	13.50	10	73	103.72
D-06	0.50	B1	30	25	38.22	100	30	16.45	10	73	126.42
D-07	1.25	A33	30	35	25.05	100	60	38.06	30	76	331.74
D-08	3.56	R2	30	35	25.05	50	60	108.28	10	82	1018.31
D-09	2.39	R1	30	35	25.05	50	60	72.86	10	73	610.02
D-10	1.89	R1	30	35	25.05	50	60	57.64	10	73	482.56
D-11	3.17	R1	30	35	25.05	50	60	96.52	10	73	808.08
D-12	3.43	G2	0	100	40.00	0	90	31.19	30	96	1150.53
D-13	2.87	G2	0	100	40.00	0	90	26.03	30	96	960.12
D-14	2.83	G2	0	100	40.00	0	90	25.74	30	95	939.55

3.7.3.5 汇水分区 5 控制指标

该片区汇水面积约为 25.2hm²，用地以公园、商业用地为主。城区海绵城市建设应因地制宜，通过源头控制实现雨水的 80%年径流控制率，地块内水系网络较为发达，所以区域内主要以生态明沟——绿色的建设方式实现雨水的排水防涝，引导性控制指标如表 3-20所示，汇水分区 5 用地编码如图 3-39 所示。

表 3-20　汇水分区 5 径流总量控制目标

地块编号	用地面积/hm^2	用地性质代号	建筑密度/%	绿地率/%	下沉式绿地率/%	屋顶断接率/%	透水铺装率/%	植草沟/(L/s)	雨水利用率/%	年径流总量控制率/%	雨水总控制量/m^3
E-01	1.74	A6	25	40	20.50	100	60	49.62	30	77	468.48
E-02	1.64	B1	40	25	39.61	100	30	56.31	10	73	417.44
E-03	2.02	R2	30	35	25.05	100	60	61.57	10	75	529.57
E-04	0.86	B1	40	25	39.61	100	30	29.65	10	73	219.79
E-05	6.95	G1	0	100	45.00	0	90	63.13	30	95	2304.27
E-06	1.50	G2	0	100	40.00	0	90	45.32	30	96	501.42

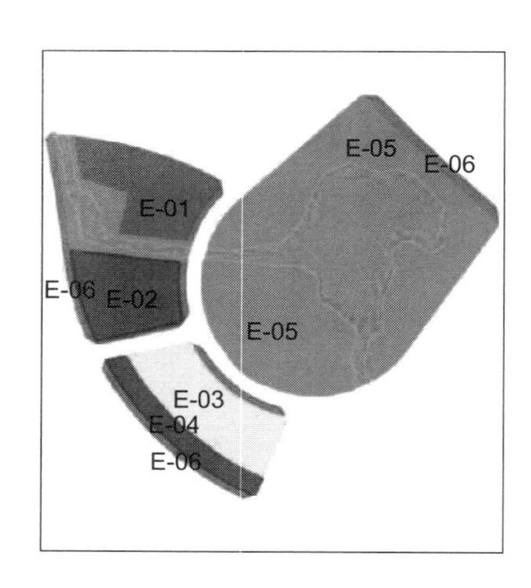

图 3-39　汇水分区 5 用地编码图

3.7.3.6　汇水分区 6 控制指标

该片区汇水面积约为 37.4hm^2，用地以居住、公园用地为主。城区海绵城市建设应因地制宜，通过源头控制实现雨水的 80%年径流控制率，地块主要通过生态明沟和雨水管网这种“灰—绿”结合的方式实现雨水的排洪防涝安全规划，引导性控制指标如表 3-21 所示，汇水分区 6 用地编码如图 3-40 所示。

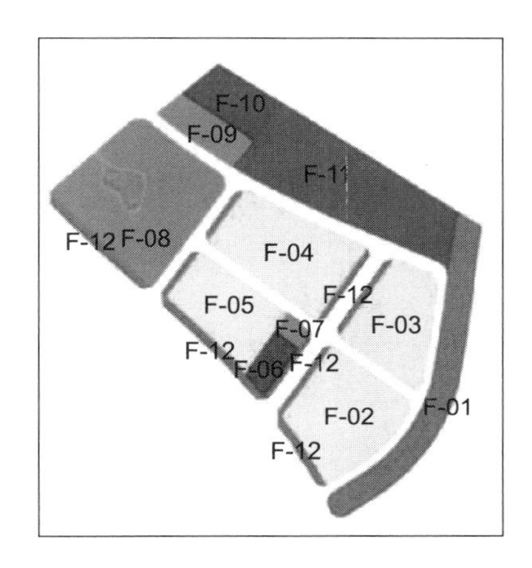

图 3-40　汇水分区 6 用地编码图

表 3-21　汇水分区 6 径流总量控制目标

地块编号	用地面积/hm^2	用地性质代号	建筑密度/%	绿地率/%	下沉式绿地率/%	屋顶断接率/%	透水铺装率/%	植草沟/(L/s)	雨水利用率/%	年径流总量控制率/%	雨水总控制量/m^3
F-01	3.26	G2	0	100	40.00	0	10	29.57	30	95	1079.26
F-02	3.75	R2	20	30	29.37	100	5	114.58	10	75	980.65
F-03	2.83	R2	20	30	29.37	100	5	86.52	10	75	740.54
F-04	3.77	R2	20	30	29.37	100	5	115.40	10	75	987.71
F-05	2.54	R2	20	30	29.37	100	5	77.83	10	75	666.10
F-06	0.56	B1	30	35	25.05	100	5	16.97	10	73	142.09
F-07	0.22	G1	0	100	40.00	0	10	2.04	30	96	75.35
F-08	3.97	G1	0	100	40.00	0	10	36.07	30	95	1316.62
F-09	1.06	G1	0	100	40.00	0	10	9.58	30	96	353.50
F-10	1.35	B1	26	35	24.65	100	5	40.29	10	73	342.79
F-11	5.38	B3	26	40	20.59	100	5	153.76	10	76	1426.73
F-12	1.81	G2	0	100	40.00	0	10	16.46	30	96	606.99

3.7.4　海绵城市总体建设指引

由于生态休闲养老示范区为新建城区，现状无较大开发建设，所以在区内全面推进海绵城市建设的过程中，可以示范先行，随后内部推广海绵城市建设，各个地块在未来的开发过程中涉及水生态系统、水环境系统、水安全系统以及雨水资源化系统几方面的控制内容。总体建设指引对未来具体地块内的开发建设进行控制设计，为未来具体地块构建以“渗、滞、蓄、净、用、排”6种低影响开发技术为基础的生态雨洪综合系统提供基础设计，并使示范区整体达到年径流总量控制率80%，面源污染削减率（以SS计）55%，实现修复城市水生态、整治黑臭水体、涵养水资源、增强城市防洪能力、提高新型城镇化质量、促进人与自然和谐发展的目标。

3.7.4.1 透水铺装建设指标引导

示范区原有土壤为滩涂盐碱地，土壤渗透系数差，但由于示范区地势高程较低，开发需回填大量土壤，因地引导回填渗透系数较好的土壤，适当布置透水铺装。根据各分区的雨水控制率总量的分配，对各分区内的地块透水铺装率的建设指标进行引导。透水铺装的分配主要按照用地的开发强度进行配比，地块的开发强度高，硬质铺装面积越大，透水铺装率越高。透水铺装建设引导如图3-41所示。

3.7.4.2 下凹绿地建设指标引导

根据各分区的雨水控制率总量的分配，对各分区内的地块下凹绿地率的建设指标进行引导。下凹绿地的分配主要按照用地的绿地率进行配比，地块的绿化程度高，下凹绿地的面积越大，下凹绿地率越高。下凹绿地建设引导如图3-42所示。

3.7.4.3 蓄水空间建设指标引导

根据各分区的雨水控制率总量的分配，对各分区内的地块蓄水空间的建设指标进行引导。蓄水空间的分配主要按照用地的水系、湿地面积进行配比，地块内的水系湿地越多，蓄水空间越大，蓄水率越高。蓄水空间建设引导如图3-43所示。

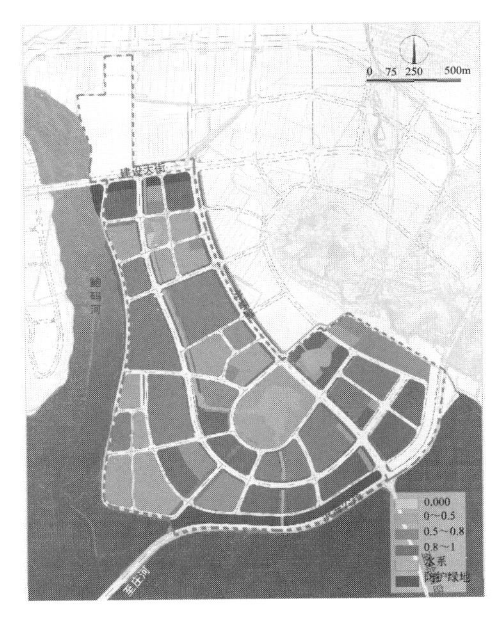

图 3-41 透水铺装建设引导图

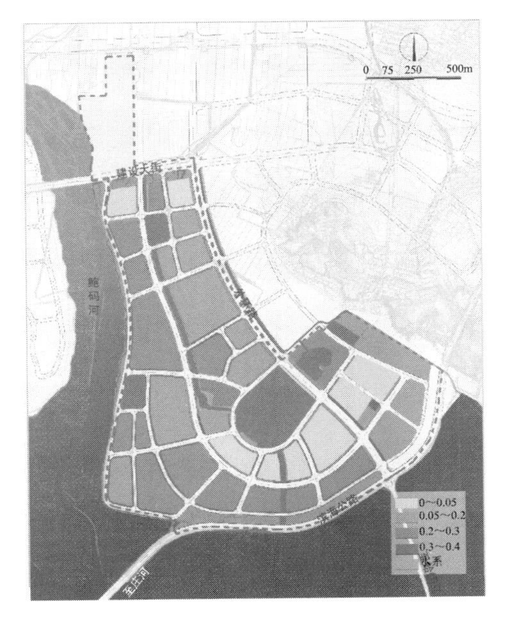

图 3-42 下凹绿地建设引导图

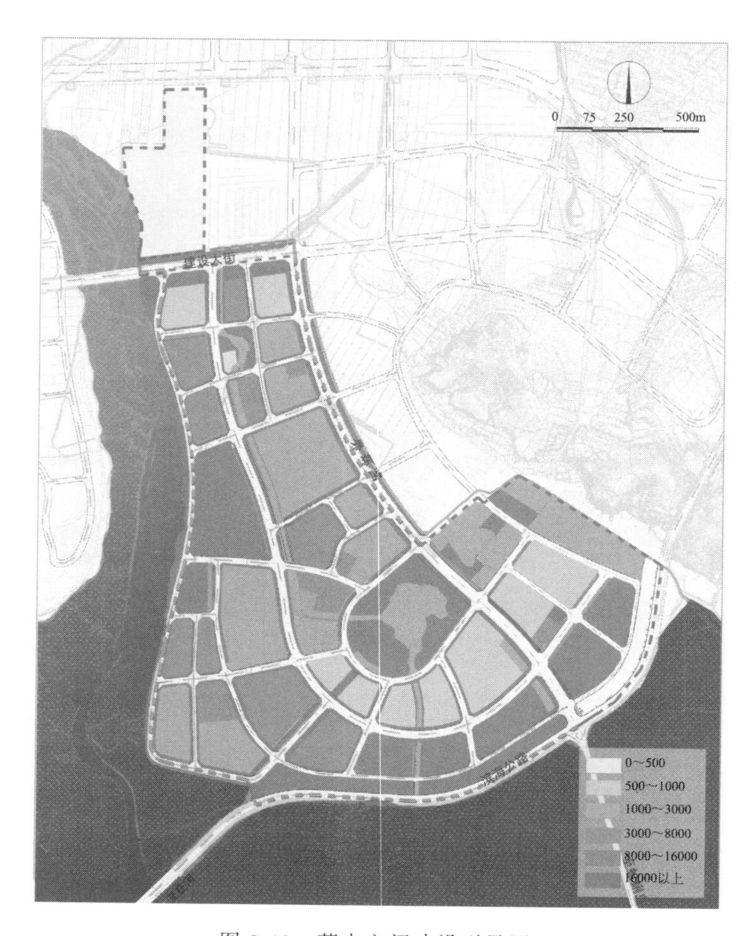

图 3-43　蓄水空间建设引导图

3.8　道路系统海绵 LID 设计

海绵城市系统的建立涉及城市规划中的方方面面，需要统筹考虑城市的用地规划、道路交通规划、雨水设施规划、绿地生态系统规划等，根据海绵城市的总体控制要求稳步建设低影响开发雨洪管理系统。

道路交通系统是城市规划的主体架构，是城市发展的主要动力和运输人流物流的主要通道，其对城市的良性发展起着决定性的作用。道路与交通设施用地占城市建设用地面积10%～25%，随着城市的不断发展扩张，道路用地比例越来越大，以效率著称的交通系统采用的硬质路面材料代替了原有自然生态地表，导致城市原本的自然雨洪调控能力大幅度降低。目前城市道路的下垫面硬化、排水功能低、缺少绿化滞留设施等都是制约海绵城市进程的重要因素。

城市道路雨洪管理系统需要根据海绵城市的总体要求，对传统的市政排水管网进行改造，同时对道路的低影响开发进行进一步的研究和探讨。设计中对地面排水系统和地下排水系统统一考虑，使二者之间相辅相成，相互补充，共成体系。对于海绵城市的道路系统建设需要妥善处理好灰色的道路基础设施和绿色的道路基础设施之间的衔接关系，搭建合理的海绵体系。同时通过景观学、植物学的介入，在发挥城市道路系统在雨洪管理方面作用的同时，创建更好的城市形象和使用空间，也是城市道路雨洪管理系统的研究重点。

3.8.1 设计目标与定位

3.8.1.1 海绵城市道路的设计目标

生态休闲养老示范区的道路系统为新建工程，根据海绵城市的总体设计和控规具体要求，其设计目标确定为：

① 构建安全交通系统，建设舒适街道环境；

② 控制经济投入成本，打造地域特色景观；

③ 响应政策因地制宜，构建国家海绵城市。

在海绵道路系统的详细设计中考虑以下几个方面，以确保构建国家海绵示范样板工程。

① 安全性。交通安全作为道路系统的第一因子，在设计中需要为车辆和行人提供便捷通畅的交通线路和完善的交通配套服务设施。

② 舒适性。建立完善的城市开放空间所需要的配套设施体系，布点合理，使用舒适。

③ 美观性。采用当地的植物系统，强化地域性道路景观特色，统一道路形象，展示示范区养老宜居的场所氛围。

④ 经济性。在道路建设中，考虑当地的经济情况和地域特点，使建设的经济效益性最大化。

⑤ 可操作性。根据不同区段的具体要求进行深化设计，保证海绵规划的落实与可操作性。

⑥ 海绵性。立足于海绵城市的径流控制及净化目标，打造融入海绵城市建设理念的新型生态集雨式绿色道路系统。

3.8.1.2 海绵城市道路的设计定位

该示范区的海绵城市道路绿化景观设计中的主体思路为“打造融入海绵城市建设理念的新型生态集雨式绿色道路系统”，城市道路与城市公园系统相结合，道路绿化同时成为公园景观生态系统的一部分，打造雨水从道路—道路绿地—雨水系统—河流—湖泊的全周期循环系统。城市道路绿化景观不仅仅是道路绿化，更是水汇聚至终点的重要传输通道，是水系统核心布局的重要一环。

道路绿化景观因地制宜选取当地的原生植物，根据当地的自然生态环境使得道路绿化景观真正与大自然相融合，既体现当地的景观植物风貌，还能彰显道路绿化景观设计的美感，将城市道路的通行功能、景观功能、游憩功能以及海绵功能紧密融合在一起。城市海绵生态道路系统的效应图见图 3-44。

3.8.2 海绵城市道路系统构建

3.8.2.1 海绵城市道路与传统道路的区别

海绵城市的道路系统与传统道路系统在设计目标、设计理念、路

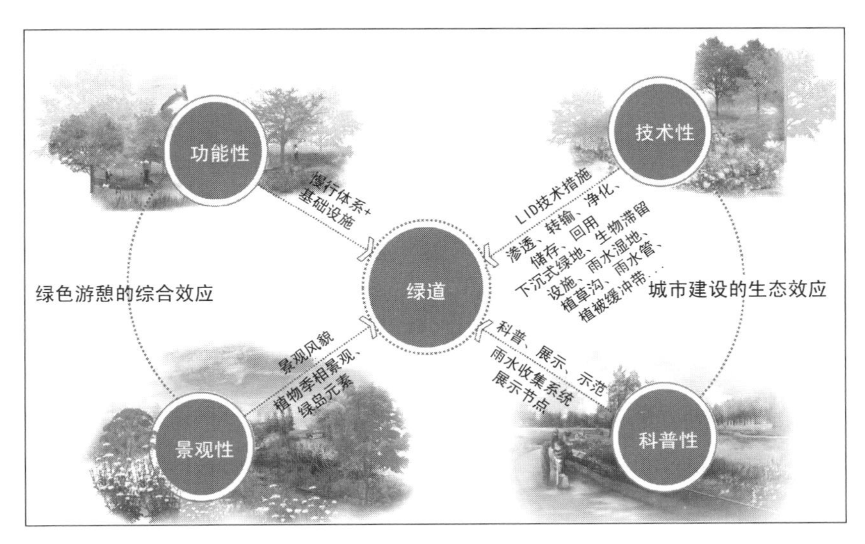

图 3-44 城市海绵生态道路系统的效应图

面结构、路缘石的形式、雨水口的设置、路肩边沟的处理、道路绿带形式、停车场的处理、广场的排水、高架桥与立交桥的形式等方面具有很大的不同，并且带来的实施效果也差异明显。具体区别见表 3-22。

表 3-22 传统城市道路与海绵城市道路的区别

项目	传统城市道路	海绵城市道路
设计目标	尽快排水，降低路面径流	从源头、中途和末端进行雨水径流总量、峰值和污染的控制
设计理念	从雨水口排入雨水管道	一部分通过 LID 设施下渗，一部分排入雨水管，经净化、处理的雨水最终排入水体
路面	非透水性路面	透水铺装
路缘石	立缘石或平缘石	豁口、打孔、间隔式立缘石、平缘石
雨水口	在路面上	在绿化带中，高程介于绿地和路面之间
路肩边沟	混凝土边沟	植草沟，具有下渗、转输和净化功能
道路绿带	高于路面，入渗能力差，无净化、储存功能	低于路面，入渗能力强，有净化、存储功能
停车场	雨水口排水	采用 LID 设施，结合周边绿地净化、下渗
广场	雨水口和绿化设施排水	采用 LID 设施，结合周边绿地净化、下渗

续表

项目	传统城市道路	海绵城市道路
高架桥、立交桥	雨水口、雨水调蓄池	桥面与桥底采用 LID 设施,结合周边绿地蓄渗、净化、利用等
实施效果	入渗少、管网负荷大,污染严重,管理维护复杂,灰色审美	入渗多,有效控制雨洪量,控制面源污染,管理维护简单,绿色美观

3.8.2.2 道路雨水排放系统构建

示范区中的雨水排放系统是一个系统工程，如图 3-45 所示。排放系统中通过有组织的地表汇流，将城市道路路面的雨水汇流排入道路红线内的绿化带中，经过初期雨水弃流后汇入到生物滞留设施带及雨水花园中，进行充分的雨水净化及下渗处理，过量的雨水溢流后到达生态明沟以及市政雨水管网系统，并根据道路与地域情况就近排放到城市景观河流系统，雨水管网内的雨水排入河道前需经过雨水前置塘、渗透塘进行进一步的消解净化，最终通过河流汇入到示范区中心湿地公园蓄存，蓄存的雨水作为城市景观用水和道路清洗用水，超过

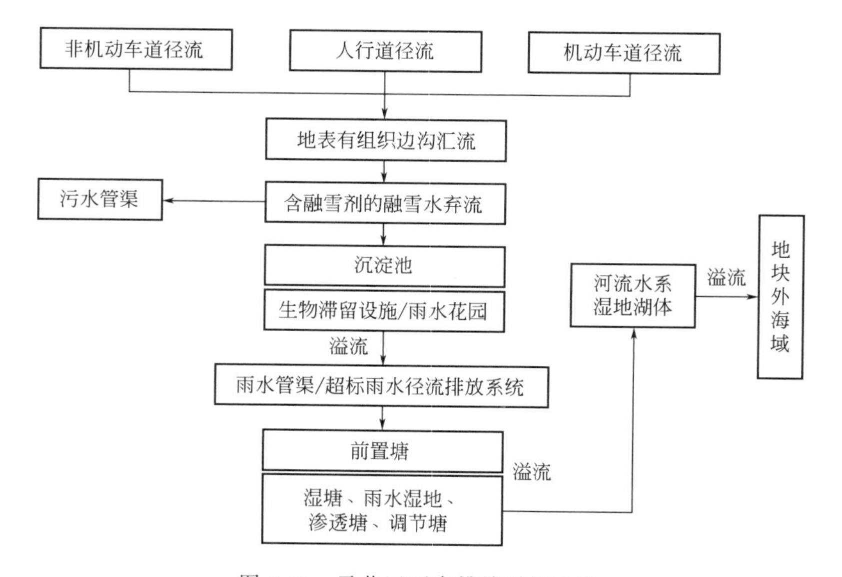

图 3-45 示范区雨水排放系统示意

蓄存容积的雨水通过闸口溢流到地块外的海域。示范区道路雨水排放系统设施流程见图 3-46。

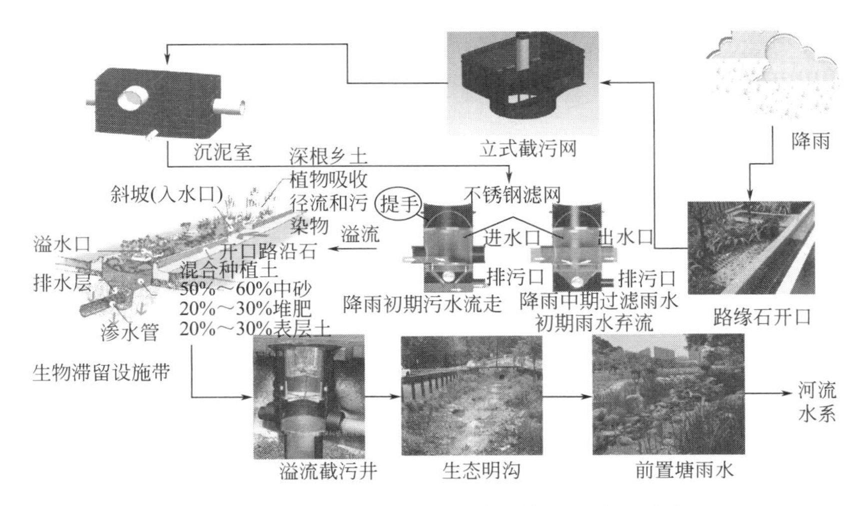

图 3-46 示范区道路雨水排放系统设施流程示意

3.8.2.3 道路系统的海绵系统构建

在进行海绵城市道路系统设计时，LID 不能完全取代城市道路的灰色建设，需要结合“绿色＋灰色”的思想，同时结合“源头与末端”“蓄与排”“地上与地下”的思想，才能更好地进行海绵城市建设。在北方地区，由于气候原因和降雨特点，在南方地区海绵城市大力推广的透水路面在北方其实并不适用。由于北方的冬季寒冷，冬季温度在 0℃上下反复，形成冻融灾害，这种影响对于道路的基层破坏影响巨大，而北方多风沙少雨水也容易造成透水路面空隙的堵塞。因此在示范区中道路部分遵循传统非透水路面的做法，而道路周边设施则考虑海绵 LID 设施系统。

(1) “绿色＋灰色”基础设施结合

道路系统中统筹考虑低影响开发雨水系统、城市雨水管渠系统及超标雨水径流排放系统的设计，形成“绿色＋灰色”基础设施结合的雨水排放系统。

道路系统的路面部分采用非透水路面做法，道路下的雨水管网沿用传统雨水系统，属于灰色基础设施。绿色基础设施则采用植草沟、生物滞留带、生态边沟、低于道路路面的下沉道路绿地等 LID 设施。低影响开发雨水系统通过对雨水的渗透、储存、调节、转输与截污净化等功能，有效控制径流总量、径流峰值和径流污染。

(2) 源头分散＋慢排缓解

道路系统中重视道路绿地的源头分散＋慢排缓解。通过优先利用植草沟、雨水花园、下沉式绿地等“绿色”措施分散雨水源头排放，利用生物滞留池、植被缓冲带等低影响开发设施降低径流速度，以空间换时间，延缓雨水峰值时间。

(3) 下渗减排＋集蓄利用

道路系统中的绿化设施对于下渗减排起到源头设施控制的重要作用，部分径流雨水可予以调蓄净化和回收利用，雨水收集最后实现安全有序排放。

(4) 大排水行洪通道系统

道路系统设计中考虑了 20 年一遇极端暴雨情况下，雨水管网已经处于满负荷失效的状态下，道路系统作为大排水行洪通道，通过道路系统的竖向设计将超标雨水快速有效地排放到蓄洪设施中。并且根据暴雨公式计算，在满足了相关的排水标准下，使得在 20 年一遇 1h 的极端暴雨情况下，道路至少一条机动车道淹没高度不超过 15mm。

3.8.2.4 道路系统构建

示范区中海绵型道路新建建设总长度 13953m，总面积约 31.5hm^2，道路系统主要包括示范区内的城市主要干道、次要干道和支路。项目主要集中在完善片区内的支路系统和两条外围主干路系统。示范区的海绵城市路网系统共含路线 20 条，全长为 19.982km，总面积 50.1701hm^2，分别为 Z1-Z9、H0-H12，详见图 3-47 与表 3-23。

表 3-23 示范区海绵道路系统汇总表

序号	名称	等级	路宽/m	路长/m
1	Z1	支路	18	589
2	Z2	次干路	30	2936
3	Z3	支路	24	2549
4	Z4	支路	15	548
5	Z5	支路	18	2393
6	Z6	支路	18	158
7	Z7	主干路	40	2028
8	Z8	支路	18	526
9	Z9	支路	24	963
10	H0	主干路	40	830
11	H1	支路	18	519
12	H2	支路	18	497
13	H3	次干路	24	524
14	H4	支路	15	400
15	H5	支路	18	335
16	H6	次干路	24	659
17	H7	支路	18	164
18	H8	次干路	24	1710
19	H9	次干路	24	690
20	H10	支路	15	177
21	H11	支路	24	369
22	H12	次干路	24	418
合计				19982

3.8.3 道路系统海绵设施设计

3.8.3.1 道路系统调蓄容积设计

示范区道路系统的综合雨量径流系数是由各个不同下垫面的径流

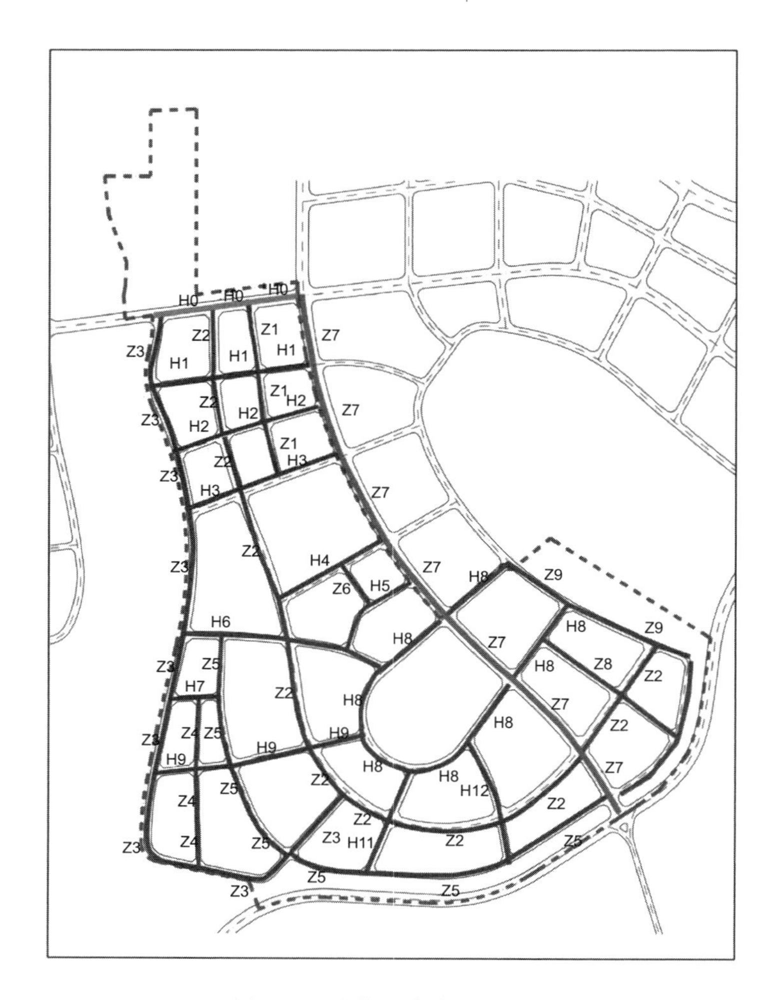

图 3-47 示范区道路系统构成

系数和汇水面积乘积之和除以整体汇水面积得到的。

$$V=10H\phi F \tag{3-1}$$

式中 V——设计调蓄容积，m^3；

H——设计降雨量，取 34.9mm；

ϕ——综合雨量径流系数，$\phi=(\phi_{绿地}F_{绿地}+\phi_{车行道}F_{车行道}+\phi_{透水砖步行道}F_{透水砖步行道}+\phi_{透水砖步行道}F_{非机动车道})/(F_{绿地}+$

$F_{车行道}+F_{非机动车道}+F_{透水砖步行道}$)；

F——汇水面积，hm^2。

由于道路两侧5m宽的生态明沟径流雨水单独排放，不属于生物滞留带的汇水范围，故两侧绿地未参与以上单位面积控制容积的计算。示范区22条道路的设计调蓄容积和生物滞留设施容积详见表3-24。

表3-24 示范区道路参数及设计调蓄容积

序号	名称	等级	路宽/m	路长/m	人行道宽度/m	非机动车道宽度/m	绿化带宽度/m	机动车道宽度/m	综合径流系数	设计调蓄容积/m^3	生物滞留设施容积/m^3
1	Z1	支路	18	589	5	0	4	9	0.59	219.95	471.20
2	Z2	次干路	30	2936	7	0	7	16	0.61	1870.01	4110.40
3	Z3	支路	24	2549	5	0	5	14	0.64	1365.54	2549.00
4	Z4	支路	15	548	3	0	3	9	0.65	186.47	328.80
5	Z5	支路	18	2393	5	0	4	9	0.59	893.62	1914.40
6	Z6	支路	18	158	5	0	4	9	0.59	59.00	126.40
7	Z7	主干路	40	2028	5	8	7	30	0.75	2636.45	2839.20
8	Z8	支路	18	526	5	0	4	9	0.59	196.42	420.80
9	Z9	支路	24	963	5	0	5	14	0.64	515.89	963.00
10	H0	主干路	40	830	7	0	8	25	0.66	767.63	1328.00
11	H1	支路	18	519	5	0	4	9	0.59	193.81	415.20
12	H2	支路	18	497	5	0	4	9	0.59	185.59	397.60
13	H3	次干路	24	524	5	0	5	14	0.64	280.71	524.00
14	H4	支路	15	400	3	0	3	9	0.65	136.11	240.00
15	H5	支路	18	335	5	0	4	9	0.59	125.10	268.00
16	H6	次干路	24	659	5	0	5	14	0.64	353.04	659.00
17	H7	支路	18	164	5	0	4	9	0.59	61.24	131.20
18	H8	次干路	24	1710	5	0	5	14	0.64	916.07	1710.00
19	H9	次干路	24	690	5	0	5	14	0.64	369.64	690.00
20	H10	支路	15	177	3	0	3	9	0.65	60.23	106.20
21	H11	支路	24	369	5	0	5	14	0.64	197.68	369.00
22	H12	次干路	24	418	5	0	5	14	0.64	223.93	418.00
合计				19982						11814.14	20979.40

3.8.3.2 道路系统生态排水设计

根据示范区道路绿地的特点，道路排水采用生态排水的方式，并充分利用道路及绿地空间形成科学的排水与调蓄设计。示范区道路绿地的生态排水主要有两种方式：一是将道路与绿地边界的局部或全部打开，把道路径流分配到临近的下沉式绿地中，并设置连续的雨水滞纳设施，通过绿地滞纳一定量的雨水，缓解排水管网的排水压力；二是设置植草沟、渗透渠等设施，并结合生态景观技术提高道路绿地对雨水的吸收、滞纳、减速和渗透作用，从而达到缓解排水管网压力的目的。

示范区道路两侧根据实际情况以及海绵控制要求采取了不同的道路绿化体系。道路两侧根据是否设置生态明沟分为三类：一是两侧均设置生态明沟的道路；二是一侧设置生态明沟一侧设置植草沟下设雨排管道的道路；三是两侧均为植草沟下为雨排管道的道路。具体详见图 3-48 示范区道路横断面示意图。

根据单位面积调蓄容积要求和道路横断面设计方案，示范区道路两侧生物滞留带为复杂型生物滞留设施，结构层包含有人工填料净化层，顶部有效蓄水深度为 0.2m，种植苗木选用白茅和千屈菜等。

3.8.3.3 生态排水 LID 设计

(1) 道路绿地的海绵蓄水

道路绿地在海绵城市中需要设计成下凹绿地，形成海绵蓄水空间。如此道路绿地不仅可以收集绿地上的雨水，还能收集周围道路集水面积上的汇流，因此在降雨全过程中加大道路整体的雨水入渗系数。道路绿地的雨水蓄存不仅用于雨水调蓄和景观绿化，还可减小径流侵蚀、削减雨水径流的洪峰流量，具有多方面的生态价值。

城市降雨在道路路面形成径流时会因路面附着的污染物造成径流

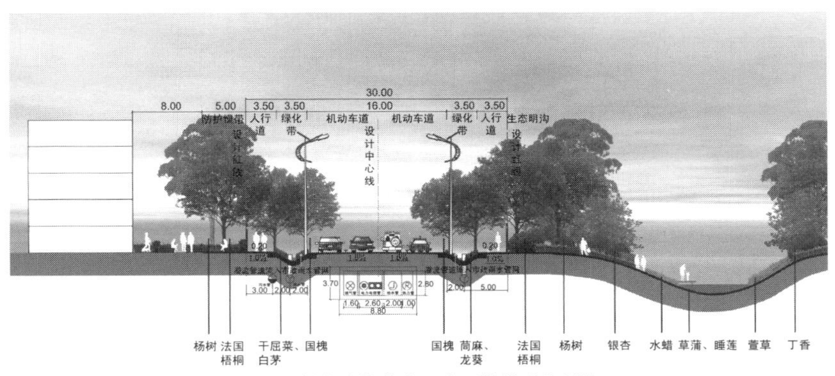

(a) 两侧均为植草沟下为雨排管道的道路

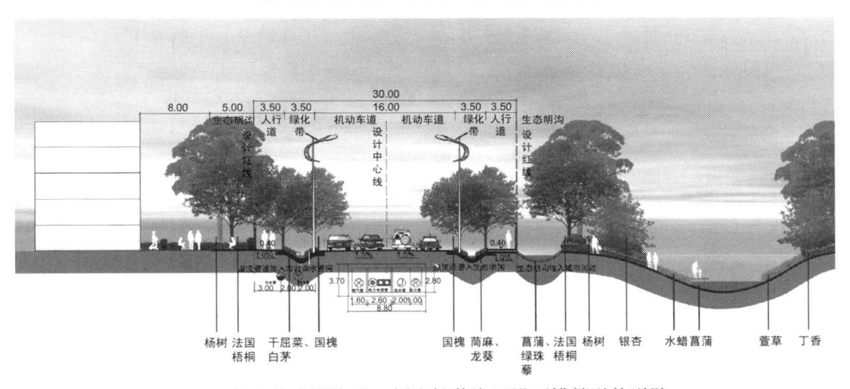

(b) 一侧为生态明沟另一侧为植草沟下设雨排管道的道路

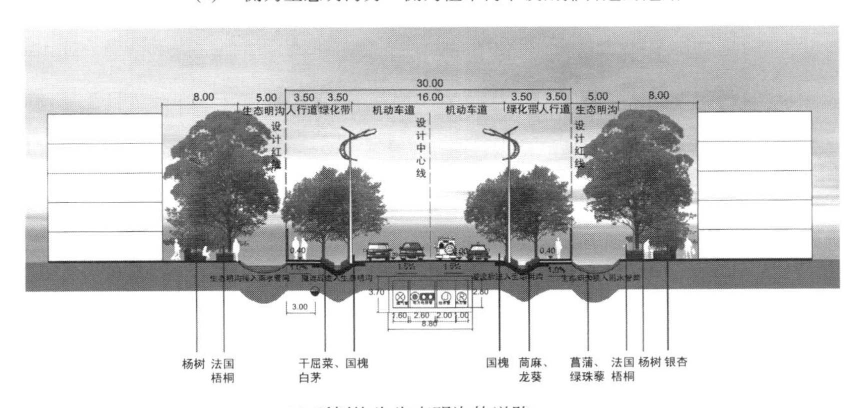

(c) 两侧均为生态明沟的道路

图 3-48 示范区道路横断面示意图

污染。路面雨水径流污染主要是由重金属和有机物的污染造成的。绿地系统可通过土壤基质、植物及微生物的吸附、过滤、离子交换等作用净化径流中的污染物，将大部分的固体污染物沉积下来并转化为植物的营养物质。因此，道路下凹绿地不仅仅具有蓄水功能，同时可以减少径流污染和净化雨水水质，具有更大的意义。

城市道路绿地的蓄水方式主要有两种：第一种是通过种植基质层和植物吸收储蓄雨水，这种方式的要点是对于种植的植物种类及土壤的选择，应选择低密度、高空隙率、耐冲刷的土壤材料以及耐水性好、吸水性强的景观植物；第二种是设计专用蓄水空间储蓄雨水，道路绿地经常采用生物滞留带、植草沟、人工湿地、雨水花园、生态蓄水池和生态截污池等多种形式的蓄水设施。道路绿地设计中应将两种方式有机地结合起来，充分利用内部场地或周边道路、建筑绿地收集雨水。

(2) 道路绿地的弹性排水设计

生态道路的设计重点是通过合理地引导道路排水路径，使道路绿地与排水系统形成良好的间接联系，从而缓解排水管网的排水压力。传统道路的雨水是直接汇流到雨水管网，海绵城市的生态道路是通过道路雨水收集系统（植草沟、生态明沟、生物滞留设施等）的滞留、过滤、下渗的作用，减缓对城市排水管网的压力，通过时间换空间的形式，增强了城市的排水能力。在道路土壤渗透能力有限的情况下，道路绿地可将无法下渗的雨水引入雨水收集系统，待排水高峰期后再排入城市雨水管网中。在道路绿地的雨水收集系统中设计了与雨水管网相连的溢水口和溢流井，使超容的雨水可直接进入城市雨水管网，实现了对道路绿地的弹性排水控制。示范区生态道路平面示意图和LID设施示意图如图3-49和图3-50所示。

美国波特兰12号大街曾对道路绿地蓄水能力通过模拟实验进行统计数据：蓄水与径流结合的引导设计可显著提升景观对雨洪的控制能力，使25年一遇暴雨产生的径流强度降低约70%。因此，道路绿地的设计不只是开发蓄水空间，还需依托蓄水空间进行多种形式的排蓄组合设计，通过弹性蓄水与排水的结合，实现雨水的弹性存储与弹性排放。

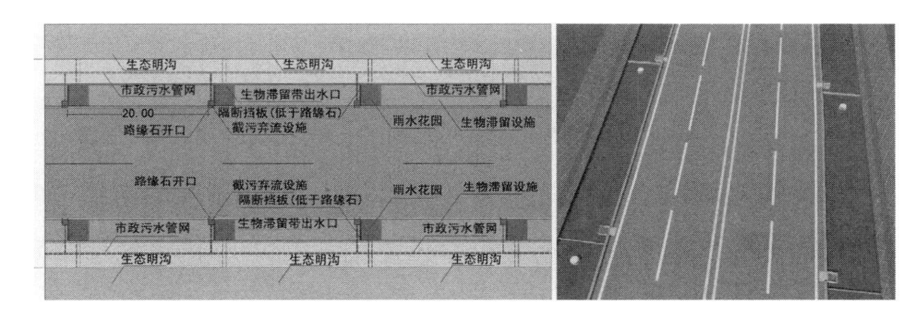

图 3-49 示范区生态道路平面示意图

图 3-50 示范区生态道路 LID 设施示意图

(3) 道路系统与外部的排水协同设计

我国城市的排水系统目前设计标准偏低、管网容量较小，强降雨导致的排水高峰使城市中地势低洼的区域排水压力较重，道路积水的特征表现为特定地点高发、排水引流不畅。海绵城市的建设中，通过排水协同设计连通道路绿地与外部蓄水空间，对缓解城市道路的内涝节点具有良好的作用。例如在年降雨量和雨水径流量较大的地区，当道路绿地无法发挥明显生态排水作用时，可以通过径流引导将雨水疏导至道路周边的干塘、广场、公园绿地等外部蓄水空间，缓解城市道路绿地的排水压力。传输径流型的城市道路绿地需要注意对雨水径流的控制引导，例如绿地坡度需满足排水速度要求，绿地与周边蓄水空间的高差衔接、过渡设施设计等。

3.9 景观系统海绵设计

3.9.1 景观体系与海绵城市的关系

海绵城市的本质是将自然生态引入城市，利用自然排水的力量，优先考虑把有限的雨水留下来，将城市建设成一个海绵体，具有良好的弹性或韧性，形成一个可以自然存水、自然渗透、自然净化，将水循环利用起来的城市。

景观系统作为水生态基础设施的载体成为海绵城市建设中不可忽视的重要方面。通过景观中的植物种植，不仅可以形成具有地域性特点的景观生态体系，同时在完善城市的水环境中起着重要的作用。

海绵城市中常通过LID措施如植草沟、雨水花园、下沉式绿地、生态湿地、透水路面等，对雨水径流进行控制影响，以达到缓释慢排、源头控制、净化下渗等海绵效果，同时这也是园林景观在海绵建设中的重要设计理念。

景观体系建设中需要关注其与海绵城市的关系，主要有以下两个方面。

第一，以海绵城市雨水控制为功能性前提。传统景观系统主要从使用功能、空间感受、主题造型、材质元素、地域文化、植物配置去考虑设计。海绵城市下的景观设计需要在此基础上首先考虑雨水控制因素，并将其作为前提性的设计条件。

第二，因地制宜经济性处理。景观设计中需要考虑地域性的区别，选取适合海绵需求的耐旱耐涝的当地植物，既体现当地的植物风貌，具有地域特点，同时考虑经济因素降低工程成本。

景观具体设计中有以下设计要点需要考虑。

① 板块廊道需有序连接。海绵城市建设中，绿地和水源部分是

重要的海绵体，其中的植物可较好地改变城市气候环境。形成连续的绿地水面空间对于海绵城市的蓄水空间和水循环体系具有良好作用，同时对于保护物种多样性和生态环境具有重要作用。对于景观系统的斑块和廊道需进行系统联系，有序衔接，形成系统的海绵景观体系。

② 提升水域生态环境修复栖息地。景观中的绿色基础设施，主要通过植物对水域进行净化，同时对气候的调节、生物的保护都起到重要作用。在水域部分需进行多种植物配置，不仅可以将多种植物对水质净化的优势发挥出来，同时可吸收水中的营养物质和各种元素，减少有害藻类的繁殖，保持生态环境的均衡。

③ 提供蓄水下渗空间，保护水资源。在景观设计中考虑设置多元系统的蓄水空间，形成点、线、面、体的四维蓄水系统，不仅可以减小雨水径流，同时提供了蓄存下渗的空间。这对于保护水资源、补充地下水、防洪排涝具有重要的作用。

④ 植物配置多元多层次设置。景观中的植物空气净化作用很强，植物总叶面积的多寡决定了植物生态作用的大小。设计中构建多元化、多层次的乔、灌、草的植物群落，在增加绿量（单位面积上绿色植物的总量，又称三维绿色生物量）的同时提高了光合作用，对城市起到防风、防尘、降噪、吸收各种有害气体等作用，也使景观生态系统越来越完善。

3.9.2 示范区景观体系构建

结合海绵城市建设的目标，示范区的景观构建为“一轴、一心、三带、两节点”的结构体系（图 3-51）。设计中以两节点构建中途转水节点，调节雨水峰值时间及流量，以三条绿带为输水净化带，将地块内的过量雨水快速排入到景观水体，设计中一轴为集水排水轴线，一心为中心景观湖蓄水节点。

示范区景观海绵设施布局图见图 3-52。南北景观轴线既是示范

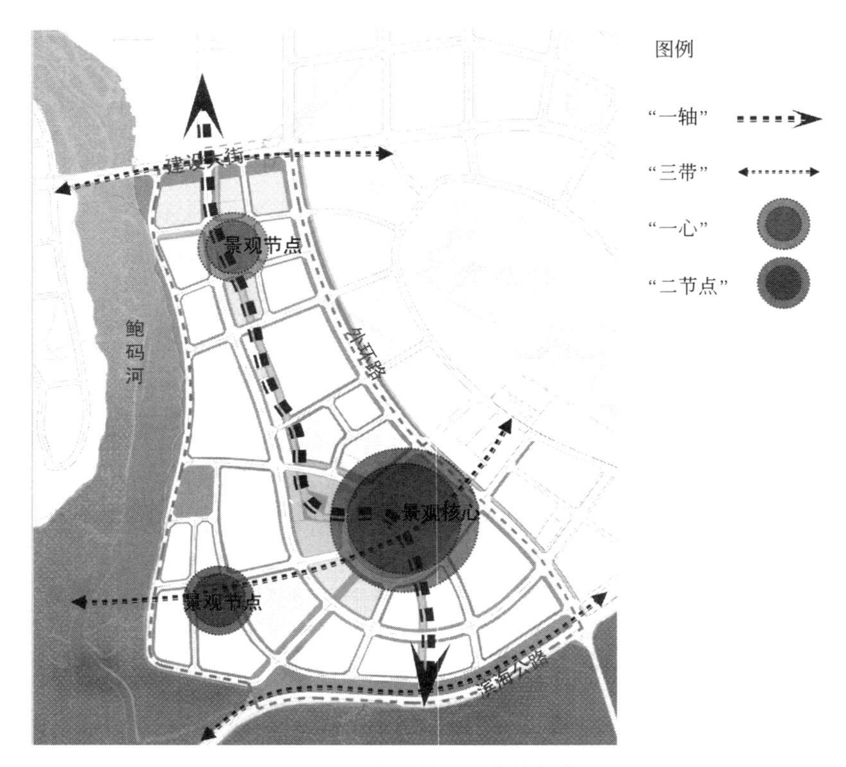

图 3-51 示范区景观系统结构体系

区的景观河流休闲区域，同时也是海绵城市的重要集水汇流区域。其从北侧至南侧分别形成了潜流表流净化区、水生植物净化区、叠水曝气净化区、湿地植物净化区、地被灌木植物净化区、水生动物净化区、深水厌氧净化区。示范区景观河流系统与海绵水系统的关系见图 3-53。

对示范区内的中心公园遵循弹性水公园设计理念。中心公园是示范区内部最核心的区域，也是日后城市发展中极具生活活力的区域，是示范区市民们的生活、休闲、文化、娱乐、教育、科普等活动的聚集地。同时，中心公园作为海绵城市风暴潮灾害中城市的第一道防线，其对于保护城市、缓解洪涝灾害起着重要作用。

针对不同重现期的降雨设计了公园中常位的景观水面和 20 年一

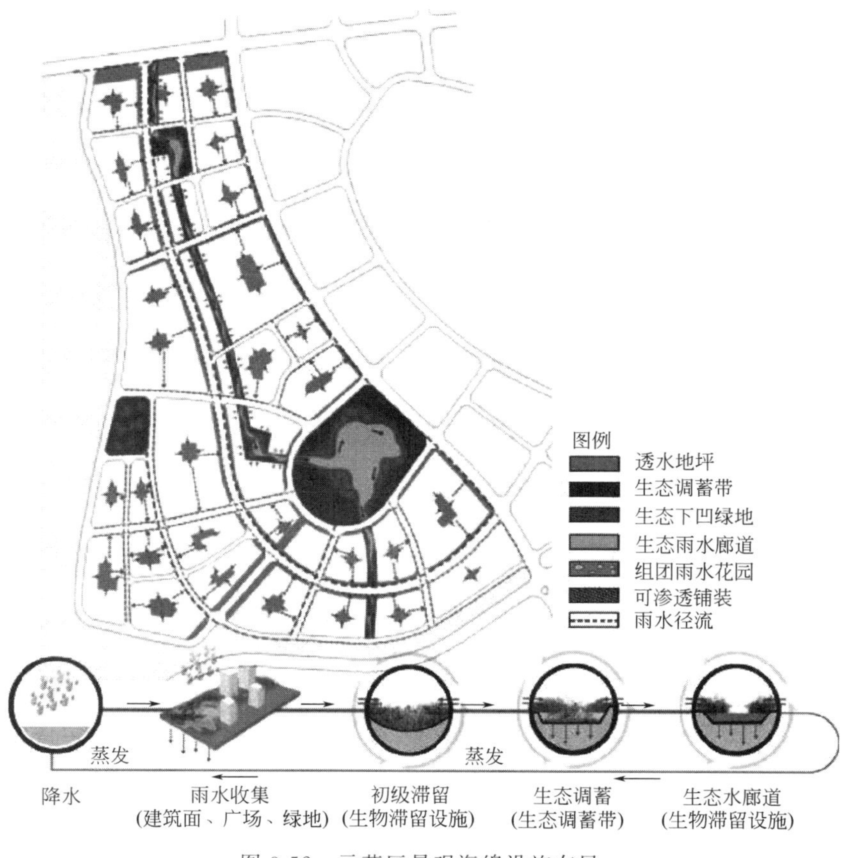

图 3-52 示范区景观海绵设施布局

遇的蓄洪水面，并对此进行水位设计，保障雨水蓄洪容积以及超容泄洪设计，蓄洪水面与常位水面关系见图 3-54。蓄洪水面根据使用功能区形成不同区域，如干塘、湿地、广场等场所。

针对不同重现期的降雨水位线设计了多种岸线断面形式（图 3-55），并以此进行功能、景观及动、植物的设计。公园的植物选择根据地形和与水岸的距离不同，分为沉水、挺水、浮水、近水、湿生、陆生等几种，在公园内针对不同的水位淹没范围选取种植相适应的绿化植物。

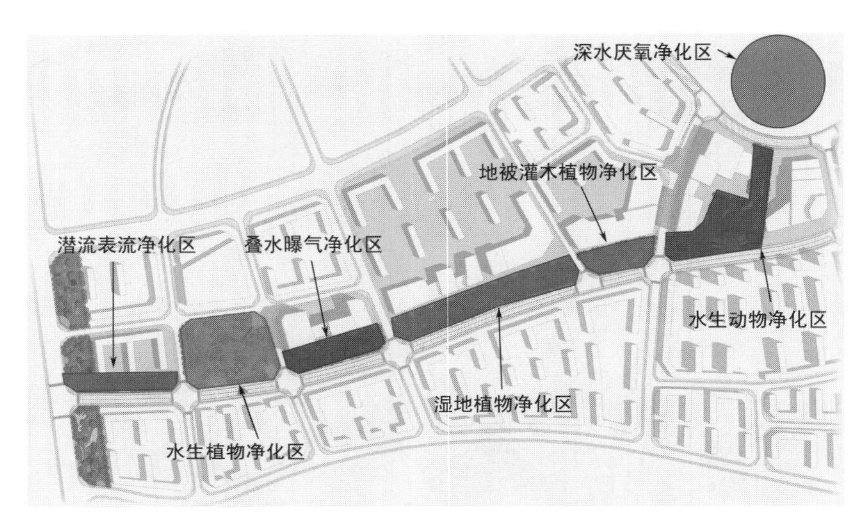

图 3-53 示范区景观河流系统与海绵水系统的关系

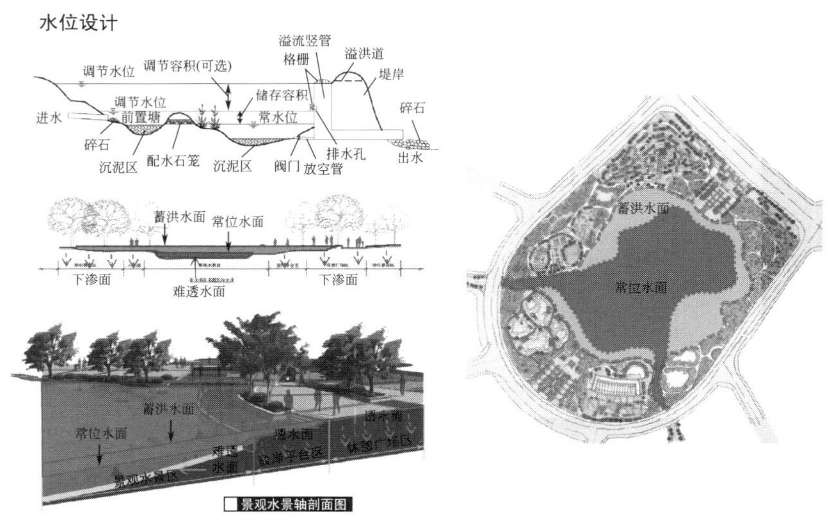

图 3-54 蓄洪水面与常位水面关系

景观河道段的设计中引入了“五音十二律”的设计理念，以音分区、以律应景，将五种音律对应人的五种感知，打造五种不同的景观效果，使景观渐进高潮。各个区域分别从听觉、触觉、嗅觉、视觉、味觉等几个层面构筑不一样的景观体系，如图 3-56 所示。

水位断面设计

设计针对不同年份设计不同的水位断面形式，针对不同的水位淹没范围种植相应的绿化植物。

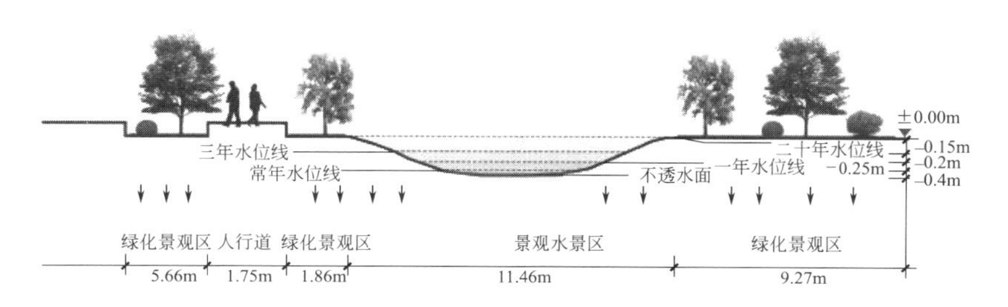

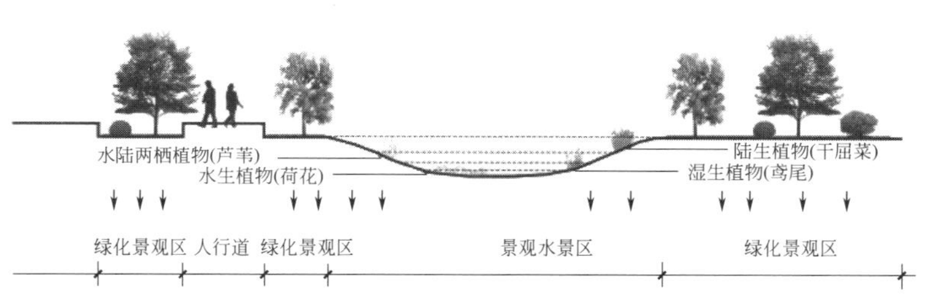

图 3-55　水位断面设计

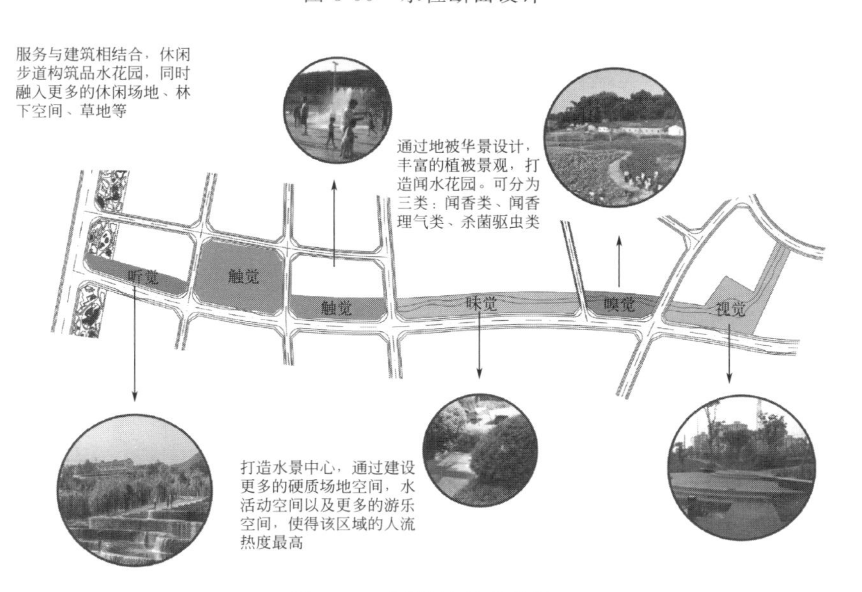

图 3-56　河道的景观设计

3.9.3 景观设计中植物的选择

海绵城市建设中绿色基础设施的影响因素有坡度、土壤、地下水、给排水设施和植物等。植物是海绵城市中收水的重要组成部分，具有收纳、净化雨水作用的植物，是海绵城市中解决雨水存储循环和面源污染的重要保障。

海绵城市系统中植物的选择需要选取当地的常有植物，第一要考虑植物的生长习性与降水的关系，第二要注意枯水期和丰水期变化对植物的影响。因此海绵城市建设中需要选取当地常有的既耐旱又耐涝的植物，才能满足海绵城市的植物需求。

在城市雨洪管理系统中，如何合理地选择与配置植物是维持海绵绿色基础设施的性能保持长期有效的关键。植物选择上需要根据以下几点进行考虑。

① 根据地区特点，合理选用植物。根据城市所属地区的降雨条件、气候水文以及土壤类型等情况选择当地常有的植物种类。如北方地区冬季寒冷，需要选取常绿与落叶植物相结合的组合模式应用，避免景观效果的差异明显。北方冬天部分城市会使用融雪剂，其含有较高的盐分，因此需考虑选用部分耐盐植物。

② 乡土植物优先采用。海绵城市中尽可能优先选用适合设施的乡土植物，尽量避免选择外来入侵植物或有破坏性根系的植物。当地本土植物环境适应力强，成活率高，经济成本低，形成的生态群落稳定。外来植物慎用，一是经济成本高，成活率低，二是入侵植物容易给当地已建立的生态系统造成冲击，对城市管理维护产生压力。

③ 根据设施要求选择植物。根据绿色基础设施的不同蓄水深度、滞水时间、种植土性状及厚度、下垫面的下渗参数、进水水质污染负荷等条件，进行有针对性地选择耐淹、耐旱、耐污染、耐盐碱，并能适应土壤紧实等各种不利环境条件的乡土植物。选择中可考虑对禾本

科植物的筛选。该类植物种类多、分布范围广、抗逆性强、景观价值高、容易繁殖，是较好的雨水设施种植材料。

④ 多元物种搭配，增强美学及生态价值。根据场地需求以及景观美学标准，结合海绵城市的要求以及植物的生长习性及观赏特点，进行多元物种搭配，形成乔、灌、草多元多层次的群落效果，提升群落稳定性，同时应优先选用本土生态效益高、景观价值好兼有经济效益的植物。

⑤ 结合周边环境，统筹选取植物。海绵城市基础设施分布于城市的各个区域，如道路、居住小区、公园、广场、绿地等范围内。海绵设施自身环境条件多样，并常与其他设施相连或共建，尤其市政设施、交通设施、绿化设施、水利设施分属多个部门，但均有海绵设施和绿化建设，因此植物的选择中需要结合周边环境，统筹选择植物。

3.10 北方地区海绵城市建设的意义及效益

海绵城市的建设其实无论在南方或北方、农村或城市、内陆或沿海，都可以大力推广。只是需要针对各个城市的特点和需求，综合规划、因地制宜、各有侧重进行建设。南方地区由于降雨量较为丰沛应以内涝治理、城市雨洪系统建设为重点建设；北方地区由于降雨量较少、水资源缺乏则以蓄水储水进行水资源综合利用为重点建设；水污染严重的地区则应以黑臭水体治理为重点进行生态恢复。海绵城市建设需要因地制宜，打造属于每个城市独有的海绵体系。

海绵城市体系的建立更注重的是建立一个生态的水系统、水循环。它从城市着眼，更注重的是人工环境的建设，如何减少对自然环境的影响，以达到人与自然的和谐。北方地区海绵城市的建设需要打造整个城市的生态系统，构建城市生态体系，通过蓄水储水绿色海绵体的建设对城市的水资源进行综合利用。第一，依据原有自然河流湖泊、溪流湿地、人工湖面、池塘水潭等景观构建水系容蓄空间。第二，重点建设城市及近郊的绿地、林带、湿地等绿化体系，形成大面的绿色海绵体。第三，在城市的交通系统里根据道路不同等级，建设相应的绿化空间、海绵体系与交通系统融合的生态海绵交通体系。第四，结合城市的休闲公园、儿童乐园、社区公园等建设 LID 措施，结合休闲娱乐系统打造生态的自然休闲空间。第五，在社区单元尺度内结合绿色屋顶、下沉绿地、透水铺装、生态滞留设施等 LID 措施，形成从源头滞留、下渗补充地下水的海绵空间体系。

海绵城市的建设不仅仅具有水资源的利用效益，同时具有经济效益和生态效益。在雨水资源的综合利用上，一般 $100km^2$ 通过对雨水的利用可节约 1 亿元的经济效益，当海绵城市的建设得到大量推广，其经济效益不可估量，具体经济效益有以下几个方面。

海绵城市的建设中，其调蓄空间与城市的原有河流水体、景观绿地、公园湿地等相结合，其增加的开发成本非常低廉，具有很高的开发效益，调蓄功能又减少了城市内涝造成的巨大损失。海绵体的建设具有自净功能，对城市水系统、水生态具有良好效果，能够大幅减少城市中水污染的治理费用。海绵城市建设中对原有生态系统的保护和恢复具有很大的帮助，其提升了对天然水体的利用和保护，同时减少了河岸钢筋混凝土护坡的投入；新型的雨洪管理体系不仅降低了排水系统管道的建设标准，同时也延长了管网的使用寿命，降低了维修的费用，大大降低了城市排水系统工程的造价成本。

海绵城市的建设是以生态系统为基础而搭建的体系，其建设对城市具有良好的生态效益。第一，通过恢复城市自然水系的生态功能和扩大容蓄空间，对城市水环境生态的恢复具有积极意义。第二，海绵城市的建设能够明显增加城市的蓝绿空间，减缓城市的热岛、雨岛效应，改善城市的人居环境，对于城市建设具有明显的综合生态环境效益。第三，由于自然生态的恢复，平衡了人工与自然的关系，在城市中为更多的生物、植物提供了适合的栖息地，对城市生态环境系统的恢复具有积极作用，对保护本土生物多样性具有良好的生态效益。

参 考 文 献

[1] 张我华，王军，孙林柱等. 灾害系统与灾变动力学 [M]. 北京：科学出版社，2011.

[2] 张浪，郑思俊. 海绵城市理论及其在中国城市的应用意义和途径 [J]. 现代城市研究，2016（7）：2-5.

[3] 车伍，赵杨，李俊奇等. 海绵城市建设指南解读之基本概念与综合目标 [J]. 中国给水排水，2015（8）：1-5.

[4] 仇保兴. 海绵城市（LID）的内涵、途径与展望 [J]. 城乡建设，2015（2）：8-15.

[5] 翟立. 海绵城市：让城市回归自然 [J]. 中国勘察设计，2015（7）：42-45.

[6] 俞孔坚，李迪华，袁弘等."海绵城市"理论与实践 [J]. 城市规划，2015，39（6）：26-36.

[7] 吕宗恕，赵盼盼. 首份中国城市内涝报告：170 城市不设防，340 城市不达标 [J]. 中州建设，2013（15）：56-57.

[8] 车伍，吕放放等. 发达国家典型雨洪管理体系及启示 [J]. 中国给水排水，2009，25（20）：12-17.

[9] 夏镜朗，崔浩. 澳大利亚水敏性城市设计经验对我国海绵城市建设的启示 [J]. 中国市政工程，2016，186（4）：36-40.

[10] 刘颂，李春晖. 澳大利亚水敏性城市转型历程及其启示 [J]. 风景园林，2016（6）：104-111.

[11] Water Sensitive Urban Design Research Group. Water sensitive residential design：an investigation into its purpose and potential in the Perth Metropolitan region [M]. Leederville，WA：Western Australian Water Resources Council，1990：1-20.

[12] 马克-路易斯，克里斯-宾利. 新西兰低影响雨水体系设计 [J]. 谭佩文译. 中国园林，2013（1）：23-29.

[13] Marjorie van Roon and Henri van Roon. Low Impact Urban design and Development：the big picture [M]. New Zealand：Land care Research Science Series，2009，(37)：1-63.

[14] 谭术魁，张南. 中国海绵城市建设现状评估——以中国 16 个海绵城市为例 [J]. 城市问题，2016，251（6）：98-103.

[15] 陈虹，李家科，李亚娇等. 暴雨洪水管理模型 SWMM 的研究及应用进展 [J]. 西北农林科技大学学报：自然科学版，2015，43（12）：225-234.

[16] 倪丽丽. 北方典型城市暴雨内涝灾害规划防控研究——以石家庄为例 [D]. 天津：

天津大学，2016：55-66.

[17] 孙宝芸，董雷，王占飞. 积雪地区日本城市道路横断面的细节设计 [J]. 公路交通科技（应用技术版），2015，122（2）：45-47.

[18] 张莉媛，徐海林. 北方寒冷干旱地区“海绵城市”的探索——以白城市海绵城市实践为例 [J]. 资源节约与环保，2016（7）：68.

[19] “国家海绵城市建设创新实践”课题组，中国建设报社政策研究中心. 北方寒冷缺水地区海绵城市建设典范——白城模式 [N]. 中国建设报，2017-10-10.

[20] 住房和城乡建设部. 海绵城市建设技术指南——低影响开发雨水系统构建（试行）[M]. 北京：中国建筑工业出版社，2015.

[21] 济南投资149亿元建海绵城市 [N]. 济南日报，2015-05-23.

[22] 济南市规划局. 市规划局积极编好海绵城市试点区域规划彰显泉城特色 [EB/OL]. http：//www. jinan. gov. cn/art/2017/10/17/art _ 2801 _ 849505. html，2017-10-17/2018-05-02.

[23] 俞孔坚等，海绵城市——理论与实践（上、下册）[M]. 北京：中国建筑工业出版社，2016.

[24] 赵延勇，济南海绵城市建设目标及构建途径 [J]. 山东水利，2015（11）：12-13.

[25] 束方勇. 海绵城市理念下的热岛效应生成机制与治理策略 [J]. 中国城市规划年会，2017.

[26] 王宁，吴连丰. 厦门海绵城市建设方案编制实践与思考 [J]. 给水排水，2015（6）：28-32.

[27] KM Debusk，TM Wynn. Storm-water bioretention for runoff quality and quantity mitigation [J]. Journal of Environmental Engineering，2011，137（9）：800-808.

[28] 日本道路協会，道路構造令の解説と運用 [M]. 东京：日本東京丸善株式出版社，2014.

[29] 张海军. 2000—2009年东北地区积雪时空变化研究 [D]. 长春：吉林大学，2010.

[30] 王振华. 城市降雪资源化利用系统设计与实验研究 [D]. 北京：北京林业大学，2011.

[31] 顾永强. 国外应对雪灾的做法值得借鉴 [J]. 中国应急救援，2010（1）：50-53.

[32] V. E. Koretskii. A system for disposal of snow collect from city highways [J]. Chemical and Petroleum Engineering，2004，40：9-10.

[33] 王鹏，白海滨，蔡永钢. 城市河道生态化治理的设计方法 [J]. 现代农业科技，2010（2）：270-271.

[34] 张崇厚，高晓磊. 中国北方城市道路横断面的生态设计 [J]. 清华大学学报（自然科学版），2009，06：794-797.

[35] 张伟，车伍，王建龙等. 利用绿色基础设施控制城市雨水径流 [J]. 中国给水排水，2011，27（4）：22-27.

[36] 王佳，王思思，车伍等. 雨水花园植物的选择与设计 [J]. 北方园艺，2012（19）：77-81.

[37] 车伍，闫攀，赵杨等. 国际现代雨洪管理体系的发展及剖析 [J]. 中国给水排水，2014，30（18）：45-51.

[38] 车伍，杨正，赵杨等. 中国城市内涝防治与大小排水系统分析 [J]. 中国给水排水，2013，29（16）：13-19.

[39] 朱伟，陈长坤，纪道溪等. 我国北方城市暴雨灾害演化过程及风险分析 [J]. 灾害学，2011，26（3）：88-91.

[40] 杨青娟，罗斯·艾伦，梅瑞狄斯·多比. 风景园林学在海绵城市构建中的角色研究——以澳大利亚墨尔本为例 [J]. 中国园林，2016，32（4）：74-78.

[41] 白伟岚，王媛媛. 风景园林行业在海绵城市构建中的担当 [J]. 北京园林，2015（4）：3-6.

[42] Roy AH，Wenger SJ，Fletcher TD，et al. Impediments and Solutions to Sustainable，Watershed-Scale Urban Stormwater Management：Lessons from Australia and the United States [J]. Environmental Management，2008，42（2）：344-359.